PHOTOMECHANIK FÜR DEN STEIN- UND OFFSETDRUCK

VON

PROFESSOR **KARL H. BROUM**

FACHVORSTAND AN DER GRAPHISCHEN LEHR- UND
VERSUCHSANSTALT IN WIEN

MIT 34 TEXTABBILDUNGEN

WIEN

VERLAG VON JULIUS SPRINGER

1930

ISBN-13: 978-3-7091-5259-1   e-ISBN-13: 978-3-7091-5407-6
DOI: 10.1007/978-3-7091-5407-6
Reprint of the original edition 1930

Vorwort

Als die Offsetpresse eingeführt wurde und der Steindruck photomechanischen Methoden zugänglich ward, begann man auf dem Gebiete
des Steindruckes neue Wege zu gehen.

Der Verfasser erkannte aus zahlreichen an ihn gerichteten Anfragen,
daß ein dringendes Bedürfnis nach einem Buch besteht, in welchem
die verschiedenen Methoden der modernen photomechanischen Druckformenherstellung für den Stein- und insbesondere für den Offsetdruck
von erfahrener Seite beschrieben sind.

Da in den letzten Jahren zahlreiche einschlägige Verfahren angegeben wurden, von denen jedes das beste sein wollte, entschloß sich
der Verfasser, nur jene Verfahren im vorliegenden Buch zu beschreiben,
denen ein tatsächlicher Wert zukommt.

Da im praktischen Betrieb die Herstellung der Druckformen
und das Drucken zwei verschiedene Betätigungen sind, die auch von
verschiedenem Personal ausgeübt werden, blieb die Besprechung der
Druckpressen und des Druckes in vorliegendem Buch weg.

Dem Verlag Julius Springer, Wien, sei an dieser Stelle für das
verständnisvolle Entgegenkommen bei der Drucklegung, den Firmen
Klimsch & Co., Frankfurt a. M., sowie Falz & Werner, Leipzig,
für die Beistellung von Illustrationsmaterial bestens gedankt.

Wien im Frühjahr 1930.

Prof. K. H. Broum

Inhaltsverzeichnis

Einleitung

Der Anwendung photographischer Methoden im Rahmen der lithographischen Verfahren wurde bis vor einer Reihe von Jahren keine besondere Beachtung geschenkt. Mit der Einführung und raschen Verbreitung des Offsetdruckes gab es hierin jedoch bald eine wesentliche Änderung. Während früher der Lithograph die Druckformen auf manuellem Wege herstellte und damit die Situation beherrschte, machte die Photographie auch vor ihm nicht Halt und nahm ihm die Arbeit ab. Dank der Beweglichkeit der Zinkplatte und der auf ihr möglichen photographischen Übertragungsverfahren vermochte sich die Photographie ein neues Feld zu erobern und der Lithograph ist nun mehr zum Photolithographen geworden. Es ist klar, daß beim heutigen Stand der Technik der Lithograph schon teilweise um sein Betätigungsfeld gekommen ist und nach aller Voraussicht noch mehr kommen wird; es ist daher ein Gebot der Stunde, sich mit den neuen Techniken vertraut zu machen, zumal gerade der Lithograph dazu berufen ist, als Ausübender dieser Techniken aufzutreten. Allerdings gilt es hier ganz wesentlich umzulernen, zumal die Autotypie zur Aufteilung der Druckfläche als Grundlage verwendet wird, dem Lithographen aber zunächst nicht vollkommen geläufig ist. Es ist nicht einzusehen, warum die auf photomechanische Methoden umgestellte Lithographie einmal nicht alle bisher durch Handlithographie hergestellten Arbeiten an sich zu bringen vermag. In diesem Falle wird die Erstellung bildlicher Vorlagen nur mehr Arbeit des Zeichners oder Malers sein. Daß nebenher die Lithographie als Originaltechnik bzw. als künstlerisches Ausdrucksmittel immer noch Lebensberechtigung haben wird, ist wohl selbstverständlich, jedoch im Rahmen des Bedarfes an lithographischen Druckerzeugnissen von untergeordneter Bedeutung.

Vollkommenheit ist bekanntlich am besten durch Spezialisierung zu erreichen, eine Erkenntnis, welche in der graphischen Branche längst Platz gegriffen hat. Die Spezialisierung sollte aber nicht verhindern, eingehende Kenntnisse aller modernen und zum Fache unmittelbar gehörigen Arbeitsmethoden zu erwerben; in diesem Sinne ist dies Buch geschrieben. Es berücksichtigt nicht die Arbeiten an der Druckpresse, da bekanntlich zwischen Druckformherstellung und Druck eine scharfe Trennung besteht.

Seit seiner Erfindung erfreut sich das lithographische Druckverfahren einer außerordentlichen Beliebtheit und intensiven Ausnützung durch die Praxis. War es doch lange dominierend für die Erzeugung von Bildern aller Art auch in größten Formaten, namentlich in farbiger Ausführung. Die wohlfeile Art der Druckplattenherstellung sicherte dieser Druckart manch einen Vorteil über andere Druckarten. Die Technik der Druckplattenherstellung im allgemeinen bekam bei den Hochdruck- und den Tiefdruckverfahren einen gewaltigen Impuls durch die Nutzbarmachung der Photographie. Ihre Erfindung ließ neue Druckverfahren erstehen und die manuelle Herstellung der Druckformen wurde immer mehr und mehr entbehrlich. Dieser Siegeszug der Photographie vermochte sich hingegen nicht recht bemerkbar zu machen im Rahmen der lithographischen Verfahren. Heute jedoch kann man füglich behaupten, daß ohne der Mitwirkung der Photographie die lithographischen Verfahren in das Hintertreffen geraten wären. Gewiß, die manuellen Methoden der lithographischen Verfahren werden nach wie vor ihren Wert bewahren, doch ist derselbe von sekundärer Bedeutung. Das Tempo unserer Zeit verträgt nun einmal nicht Arbeitsmethoden, die einen Zeitaufwand benötigen, wie ihn kein Auftraggeber mehr zugesteht, zumal moderne Arbeitsmethoden auch in qualitativer Hinsicht die manuelle Druckformenherstellung zu überbieten vermögen. Man muß auch hier sagen, daß die neueren photomechanischen Methoden eine Bereicherung für die lithographischen Verfahren vorstellen, daß aber trotz allem Erreichten, der Erfindergeist noch immer viele interessante Aufgaben zu lösen hat.

Es hat lange gedauert, bis die photographischen Methoden in Verwendung genommen wurden und man kann den Zeitpunkt hierfür wohl mit der Einführung der Offsetpresse bezeichnen. Die Handlichkeit der dünnen Zink- oder auch Aluminiumplatten wie sie für Offsetpressen verwendet werden, machen die Anwendung photographischer Kopiermethoden bei weitem möglicher als auf der schweren lithographischen Steinplatte. Der Offsetdruck brachte auch eine neue Ausdrucksmöglichkeit in den Flachdruck und schuf sich damit ein Arbeitsfeld, das weit über den Rahmen des alten Steindruckes hinaus geht.

Die Verfahren der photomechanischen Druckformenherstellung für den Stein- und Offsetdruck bilden heute bereits eine große Zahl und immer wieder tauchen neue Verfahren auf. Wohl gibt es eine Menge Publikationen welche die vielen Verfahren beschreiben oder ihren Wert kritisch behandeln. Die Prinzipien dieser Verfahren sind außerordentlich vielfältig doch kann man sie immerhin in eine Übersicht zusammenfassen. Das Wesentliche ist, im Gegensatz zur manuellen Druckformenherstellung, der Übertragungsprozeß des Bildes auf die Druckplatte, wobei es zunächst gleichgültig ist ob die Übertragung auf die Maschinenplatte erfolgt oder auf einen provisorischen Träger.

Der Übertragungsprozeß beruht in der Verwendung einer lichtempfindlichen Schicht, die auf die Druckplatte aufgebracht wird. Durch die Belichtung dieser Schicht durch eine Kopiervorlage hindurch entsteht schließlich ein Bild, das im weiteren Verlauf seiner Behandlung druckbar gemacht wird. Unter Kopiervorlage wird hier entweder ein photographisches Negativ oder Diapositiv verstanden; unter Umständen aber auch das Original selbst oder ein darnach im Kontaktwege, also ohne photographischen Apparat hergestelltes Negativ, bzw. Diapositiv und schließlich auch noch ein auf dem Wege der Reflexkopierung gewonnenes Negativ bzw. Diapositiv.

Diese Vielfältigkeit in der Art der Kopiervorlagen erklärt sich einerseits in den vielen Möglichkeiten die die photographischen Materialien bieten, anderseits aber auch in der Art und Weise wie eine Arbeit am besten und wirtschaftlichsten zu erledigen ist. Das photographische Übertragungsverfahren tritt also in vielen Fällen an Stelle des Umdruckes. Wenngleich tatsächlich dieser, theoretisch genommen, entbehrlich ist, so wird es doch viele Fälle geben wo desselben nicht zu entraten ist und er wird trotz Photomechanik noch immer seine Daseinsberechtigung haben.

In der folgenden Übersicht sollen die verschiedenen Durchführungsmöglichkeiten für verschiedene Arbeiten zusammengefaßt sein.

Bei der Herstellung der Kopiervorlage ist zu berücksichtigen ob dieselbe direkt zum Kopieren auf die Maschinenplatte gehört. Sie kann natürlich in einer Kopiermaschine auf ein und dieselbe Druckplatte mehrmals neben, bzw. untereinander kopiert werden. Bei kleinerem Format wird natürlich vorteilhafter sein, ein sogenanntes Sammelnegativ zu machen (d. i. ein Negativ, welches ein und dasselbe Bild oder auch verschiedene, bereits nebeneinander gestellt enthält), das dann so oft als gewünscht in der Kopiermaschine kopiert wird.

Es ist aber auch möglich die mehrmalige Nebeneinanderreihung eines und desselben Bildes so zu bewerkstelligen, daß man von dem Rasternegativ mehrere Diapositive auf Film kopiert und dann diese Filme durch die Montage in den erwünschten Abständen plaziert.

Prinzipiell muß bei der Übertragung durch die Kopierprozesse unterschieden werden ob man sich eines Negativs oder eines Positivs bedienen will. Zunächst muß gesagt werden, daß der Negativkopierprozeß mit dem Chromeiweißverfahren ausgeübt, ein recht sicher funktionierendes Verfahren vorstellt, das allgemein bekannt ist und von den damit Betrauten in der Regel gut beherrscht wird. Es setzt das Vorhandensein eines Negativs (negative Kopiervorlage) voraus und ergibt auf der kopierten Druckplatte ein positives Bild.

Das Positivkopierverfahren hingegen setzt das Vorhandensein eines Positivs voraus (positive Kopiervorlage) und ergibt auf der Druckplatte ein negatives Bild, das zunächst nicht verwendbar ist; es muß erst durch einen rasch durchführbaren Prozeß in ein positives Bild übergeführt werden. Es ist dies Verfahren weniger bekannt und wird von den Ausübenden gerne geheim gehalten, da es patentrechtlich geschützt ist, funktioniert aber in der Hand der Versierten ganz vorzüglich. Es ist besser geeignet, wie das Chromeiweißverfahren, den Druckkomplex, also das Druckbild selbst, beständig zu gestalten und mit den Druckträger in innige haltbare Verbindung zu bringen.

Wie aus der Tabelle 1 ersehen werden kann, gibt es in einer Reihe

1*

Einleitung

Tabelle 1

Beschaffenheit der Vorlage	Kopiervorlage	Übertragungsverfahren
1. Lineares Bild (Zeichnung oder Druck) a) durchscheinend	Durchleuchtung auf einen Film	Chromeiweißverfahren
b) nicht durchscheinend oder auch auf der Rückseite ein Bild oder Schrift	Reflexnegativ, darnach ein Diapositiv auf Film	Chromgummiverfahren
	Reflexnegativ, darnach ein Diapositiv. nach diesem ein zweites Negativ auf Film oder abziehbaren Papier	Chromeiweißverfahren
c) wie a) oder b)	Kameranegativ	Chromeiweißverfahren
	oder Kameranegativ darnach Diapositiv auf Film	Chromgummiverfahren
2. Halbtonbilder (Photos usw.) für einfarbige Wiedergabe	Rasternegativ	Chromeiweißverfahren
	Rasternegativ, darnach Kontaktdiapositiv	Chromgummiverfahren
	Rasternegativ, darnach Diapositiv für Diapositivätzverfahren, darnach Kontaktnegative auf Film	Chromeiweißverfahren
	Halbtonnegativ, darauf Retusche, darnach Rasterdiapositiv	Chromgummiverfahren
	Halbtonnegativ, darauf Retusche, darnach Rasterdiapositiv und nach diesem Filmnegativ durch Kontaktkopierung	Chromeiweißverfahren
	Halbtonnegativ	Asphaltverfahren
3. Halbtonbilder in Farben für mehrfarbige Wiedergabe, Aquarelle usw.	Rasternegative (Filterauszüge), darnach Diapositive für die Diapositivätzverfahren	Chromgummiverfahren
	Rasternegative (Filterauszüge), darnach Diapositive für die Diapositivätzverfahren, darnach Filmnegativ	Chromeiweißverfahren
	Halbtonnegative, darauf Retusche, darnach Halbtondiapositive, darauf Retusche und darnach Rasternegative	Chromeiweißverfahren
	Halbtonnegativ, darauf Retusche, darnach Rasterdiapositiv, nach diesem Filmnegativ	Chromeiweißverfahren
4. Farbige Bilder ohne Halbtöne, glatte Flächen	Zuerst Konturzeichnung auf Pauspapier, darnach Strichnegativ	Photolitho auf Stein (Fettdruck) von der Übertragung auf Stein werden Abklatsche auf Stein oder eventuell auf Zink zum Überarbeiten gemacht

von Fällen die Möglichkeit, der Anwendung des photographischen Apparates entraten zu können; es sind dies jene Fälle, in denen es sich um Vorlagen, die einerseits in der gleichen Größe wiederzugeben und anderseits durchscheinend sind. Freilich wird die Zahl solcher Originale gerade keine überragende sein, doch immerhin in manchen Betrieben vorkommen. Wenn man bedenkt, daß namentlich Buchdrucktext, der doch recht häufig erst gesetzt werden muß, um auf die Maschinenplatte übertragen zu werden, so kann hier die photographische Kamera vollkommen entbehrt werden, was eine Beschleunigung und Verbilligung des Arbeitsprozesses bedeutet und überdies den Umdruck ausschaltet. Man kann hierfür den Buchdrucktext gleich auf transparentes oder anderes geeignetes Papier drucken lassen und diese Drucke nach entsprechender Adjustierung sofort als Kopiervorlage benutzen — andernfalls läßt man den Text auf einseitig gestrichenes gut durchscheinendes Papier drucken und macht hiervon ein Kontaktnegativ, das dann als Kopiervorlage dient. Dieser zweite Weg befriedigt in qualitativer Hinsicht mehr wie der erste, zumal die Kopierfähigkeit solcher Kopiervorlagen die denkbar beste ist.

Zu Punkt 4 der Tabelle 1. Hierunter sind Vorlagen verstanden, welche aus farbigen Flächen oder Linien bestehen, ohne Abschattierungen. Derlei Vorlagen machen der rein photomechanischen Reproduktion oft namhafte Schwierigkeiten, weil es nicht immer möglich ist, darnach einwandfreie Negative herzustellen, in denen die einzelnen Flächen genügend getrennt erscheinen, so daß kopierfähige Negative entstehen könnten. In solchen Fällen ist die Einhaltung eines Umweges und die Heranziehung des Lithographen oder Zeichners notwendig. Man wird von der Vorlage, wenn sie in der gleichen Größe zu reproduzieren ist eine Pauszeichnung (Konturzeichnung) anfertigen lassen — auf einer Gelatinefolie, oder wenn Verkleinerung gewünscht auf Pauspapier. Die erstere kann nun direkt auf den lithographischen Stein umgedruckt werden von welchem dann die Abklatsche für die einzelnen Farbsteine zu machen sind, die nun vom Lithographen ausgearbeitet werden müssen. Die Übertragung des Bildes vom lithographischen Stein auf die Maschinenplatte ist dann entweder mittelst des Umdruckverfahrens oder so zu bewerkstelligen wie dies unter 1, Tabelle 1, angegeben ist. Sollte aber die Wiedergabe in verkleinertem Maßstab erfolgen, so muß die Pauszeichnung als Vorlage für die Herstellung eines verkleinerten Negativs dienen, das schließlich auf einen lithographischen Stein zu kopieren oder mittelst photolithographischen Papieres zu übertragen ist; die Ausarbeitung muß ebenfalls durch den Lithographen erfolgen, während zur Übertragung auf die Maschinenplatte so zu verfahren ist wie unter 1, Tabelle 1, angegeben.

Zu Punkt 3 der Tabelle 1. Die Wiedergabe ein- und mehrfarbiger Vorlagen mit Halbtönen, wie es also Aquarelle, Ölbilder usw. sind, begegnen im Rahmen aller für den lithographischen Druck zur Verfügung stehenden Verfahren namentlich des Offsetdruckverfahrens dem größten Interesse.

Wenngleich die Anwendung der Photographie für die Wiedergabe von linearen und auch größten Teiles von einfarbigen Halbtonbildern außerordentliche Erfolge gegenüber der manuellen Druckformengewinnung aufzuweisen hat, so muß gerade bei der Herstellung von Teilplatten für den Farbendruck auf die Unentbehrlichkeit der Retuschemöglichkeit hingewiesen werden. Noch immer muß ein guter Teil der Arbeit durch den Retuscheur geleistet werden. Die Photographie bringt die Tonwerte und Farbwerte in den einzelnen Farbenteilplatten nicht immer in der richtigen Abstufung, Fehler, die aber keineswegs allein der Photographie in die Schuhe zu schieben, sondern im ganzen Verfahren begründet sind, wovon in den betreffenden Abschnitten die Rede sein wird. Zunächst sei gesagt, daß die manuelle Nachhilfe deren die einzelnen Farbenteilplatten bedürfen, vielerlei Schwierigkeiten begegnet und um diese zu überwinden, verschiedene Wege eingeschlagen werden können.

Die Auflösung der Tonwerte der Vorlage für den Ein- oder Mehrfarbendruck hat immer das Verfahren der Autotypie zur Grundlage, so daß also die einzelnen Tonabstufungen in kleine Punkte (Rasterpunkte) zu zerlegen sind. Die Regelmäßigkeit der Punktstruktur und der einzelnen Punkte an sich, ist nun ein wichtiger Faktor für die Ruhe und Glätte des Bildes und sie dürfen auf keinen Fall gestört werden. Da nun die Retusche wie bereits erwähnt eine Notwendigkeit ist, werden nur jene Methoden einen Wert haben können, welche die Regelmäßigkeit der Form der Rasterpunkte nicht stören. Man benutzt entweder die Methode die darin besteht, daß man das gerasterte Bild auf dünne Zinkplatten überträgt und die Übertragung im Sinne einer Hochdruckform zu Klischees ätzt, wobei man die Tonwerte eben im weitgehendsten Maße verändern kann ohne die Regelmäßigkeit der Punktform zu stören. Diese so gewonnenen, in den Ton- und Farbwerten richtig gestellten Klischees können dann auf lithographischen Stein umgedruckt werden, von wo das Bild dann wieder durch Umdruck auf die Maschinenplatte übergedruckt wird.

Das ist eine Methode, die in der Praxis ihre Brauchbarkeit erwiesen hat und von einigen großen Firmen mit bestem Erfolg ausgeübt wird.

Andere Methoden, bei denen übrigens der Umdruck ausgeschlossen wird, gehen dahin, daß die Korrektur der Farb- und Tonwerte auf Diapositive verlegt wird, die nach den in der Kamera hergestellten Original-Negativen kopiert werden. Nach Fertigstellung der Korrekturen können dann die Diapositive auf die Maschinenplatte kopiert werden oder es wird zu dieser Kopierung ein nach den Diapositiven hergestelltes Kontaktnegativ benutzt. Diese Arbeitsweise am Diapositiv ist entweder nur auf speziell dafür bestimmtem Plattenmaterial oder auf photomechanischen Platten bei einer bestimmten Behandlung möglich. Die eben angeführten Methoden nützen nämlich die Erscheinung, daß man die auf eine photographische Schicht exponierten Rasterpunkte durch Behandlung mit einem photographischen Abschwächer kleiner machen kann, ohne daß sie dabei ihre regelmäßige Form verlieren würden. Die auf diesem Wege erreichte Verkleinerung der Rasterpunkte, die sehr wirksam und auch partiell durchführbar ist, kommt dann einer Aufhellung des betreffenden Tonwertes gleich, doch gelingt sie nur bis zu einer bestimmten Grenze, da die Rasterpunkte schließlich ihre Kopierfähigkeit einbüßen. Daß diese Methoden aber doch möglich sind, beweisen die bestehenden Verfahren, welche in den betreffenden Abschnitten dieses Buches ausführlicher behandelt werden.

Schließlich muß aber noch auf den sogenannten indirekten Weg der Gewinnung von farb- und tonrichtig korrigierten Rasternegativen hingewiesen werden, der darin besteht, daß zunächst nach der Vorlage Halbtonnegative hergestellt und entsprechend retuschiert werden. Nach diesen müssen dann Diapositive und nach diesen erst die Rasternegative angefertigt werden. Ein langwieriger Weg, der eminentes Können seitens des Retuscheurs voraussetzt und auch dann den vollen Erfolg nicht garantiert.

Die Herstellung von Negativen und Diapositiven ohne Anwendung der Kamera

Gleich vorweg sei gesagt, daß ohne Anwendung der photographischen Kamera die Herstellung von kopierfähigen Vorlagen nur möglich ist, wenn weder Vergrößerung noch Verkleinerung der Wiedergabe erreicht werden soll.

Es kann sich hier zunächst um jene Fälle handeln, in denen die Vorlage (Original) transparent genug ist, um noch genügend wirksames Licht durchzulassen, die Rückseite derselben ohne Aufdruck und die Linien, Punkte, Schrift usw. möglichst undurchsichtig sind. Die Farbe derselben soll tunlichst schwarz sein, doch kann in günstigen Fällen auch rote, gelbe oder grüne Farbe sowenig Licht durchlassen, daß sie sich eben wie schwarz verhält. Blasse oder blaustichige, oder überhaupt blaue Farbe wird fast niemals befriedigende Resultate ergeben. Immerhin kann gesagt werden, daß bei richtiger Wahl des lichtempfindlichen Materials, so wie richtig geleiteter Belichtungsprozeß nach oft erstaunlich schlechten Vorlagen noch brauchbare Resultate zu erzielen möglich ist. Anderseits sind aber doch häufig gezeichnete Vorlagen, die in der Aufsicht gut gedeckt aussehen in der Durchsicht recht minderwertig. Man betrachte solche Vorlagen in der Durchsicht mit der Lupe und kann zu seiner Überraschung bemerken, daß der anscheinend schwarze oder wenigstens gedeckt erscheinende Strich sehr blaß und porös ist. Dieses Umstandes muß bei der Bestimmung der Belichtungsdauer Rechnung getragen und dieselbe sehr kurz bemessen werden.

Zum Durchlichten eignen sich auch recht gut die Abdrücke von irgendwelchen vorhandenen Druckformen, z. B. Buchdruck, der in Offset übertragen werden soll. Für diesen Fall lohnt es sich, die Abdrücke auf ein einseitig gestrichenes Papier zu machen, das aber in der Durchsicht tunlichst frei von Flecken zu sein hat. Auf diesem Papier erreicht man sehr satte Drucke, die gegebenenfalls durch Abreiben mit Bronze fast gänzlich undurchsichtig gestaltet werden können (Mattkunstdruckpapier ist dazu sehr geeignet).[1] Ebenso können zur Übertragung von auf lithographischen Stein befindliche Bilder auf die Maschinenplatte durch Kopierung Drucke gemacht werden, wozu am besten ein gelatiniertes Papier zu verwenden ist, Namentlich die Übertragung von Gravüren oder Guillochen gelingt mit solchen Drucken ganz vorzüglich, wenn zu ihrer Herstellung strenge Federfarbe verwendet und die frischen Drucke noch mit feinster Schleifbronze eingepudert wurden.

Zusammenfassend ist also zu sagen, daß alle in Striche oder Punkte aufgelöste Bilder, ob Zeichnung oder Druck, als Vorlage für die Herstellung von Negativen in gleicher Grösse dann verwendbar sind, wenn die Rückseite ohne Zeichnung oder Aufdruck und der Papierstoff tunlichst fleckenlos und genügend transparent ist. Der Arbeitsprozeß für die Negativherstellung ist Seite 10 beschrieben.

Eine andere Methode, ohne Anwendung der photographischen Kamera zu brauchbaren Negativen zu gelangen, ist die Reflexphotographie.[2] Sie kann dann in Betracht kommen, wenn von zweiseitig bedruckten oder gezeichneten Vorlagen Negative in derselben Größe ohne

---

[1] Die Firma Dipl.-Ing. H. DETTMANN, Berlin NW 7, liefert hierfür bestimmtes Barytpapier.

[2] Die Idee, auf dem Wege der Reflexion zu einem Negativ zu gelangen, ist nicht neueren Datums. Dem Engländer HORT PLAYER schrieb man dessen Erfindung zu, der 1902 sein Verfahren publizierte (The Photogram 1902) und welches man in der Folge Playertypie nannte. Doch wies besonders Doktor STENGER in Photograph. Industrie 1925, S. 1269, und 1926, S. 7, nach, daß schon lange vor PLAYER auf die Möglichkeiten der Reflexphotographie durch BREYER, 1839, hingewiesen wurde. Nach dem Engländer PLAYER befaßte sich besonders Dr. R. KÖGEL mit der Reflexphotographie und erhielt ein D. R. P. auf seine Methode der Anwendung von Gelatinefolien mit Chlorsilber bei gleichzeitiger Verwendung eines Gelbfilters (R. KÖGEL, Photographie historischer Dokumente, Leipzig 1914). Aber so wenig die Methode R. KÖGEL selbst befriedigen konnte, so wenig leistungsfähig war das Verfahren der Luminographie von PETER und Dr. VANINO (1913). F. ULLMANNS Verfahren, Manulverfahren geheißen und durch D. R. P. vom 13. August 1913 geschützt, brachte hervorragende Resultate zuwege, doch kam bei diesem Verfahren Chromkolloid als lichtempfindliche Schicht in Verwendung. Gegen Erwerb einer Lizenz wurde dieses Verfahren von einigen Firmen ausgeübt.

Die Aktiengesellschaft für Graphische Industrie in Bern brachte 1925 das Typonverfahren heraus, das unter Anwendung einer Chlorsilberschicht mit sehr charakteristischen Eigenschaften, auf Papier, nunmehr das Reflexverfahren mit sehr gutem Erfolge ermöglicht. Dieses Verfahren steht nicht unter Patentschutz und kann daher von jedermann ausgeübt werden. Es hat sich dies Verfahren wohl eingebürgert, mehr noch wird hingegen das Typonmaterial (auch Filme) wegen seiner markanten Eigenschaften im Rahmen der photomechanischen Übertragungsverfahren benutzt.

Über die „Sensitometrische Prüfung von Typonpapieren" siehe Phot. Korrespondenz, 1929, Heft 12.

Anwendung der photographischen Kamera zu machen sind, und es ist dieses Verfahren namentlich dann am Platze, wenn es sich z. B. um den Nachdruck von irgendwelchen Plänen, Prospekten oder Büchern handelt. Man ist mit diesem Reflexverfahren in der Lage, in vielen Fällen rascher und billiger zu arbeiten wie dies sonst mit der Kamera möglich wäre. Das Prinzipielle der Reflexphotographie besteht darin, daß eine Vorlage mit einer auf Papier oder auch Glas befindlichen lichtempfindlichen Schicht in Kontakt gebracht und derartig belichtet wird, daß das Licht zunächst den Träger der lichtempfindlichen Schicht durchdringt, dann erst die lichtempfindliche Schicht und schließlich auf die Vorlage auftrifft, von welcher es wieder in die lichtempfindliche Schicht zurückreflektiert wird. Die Reflexion ist natürlich eine verschiedenartige, d. h. das Licht wird nur vom hellen Papiergrund der Vorlage reflektiert, während die Stellen der Zeichnung, die ja immer dunkler sind, nicht oder nur sehr wenig zurückstrahlen. Die lichtempfindliche Schicht erfährt also zunächst eine allgemeine Belichtung und wird an den mit der hellen Papierfläche korrespondierenden Stellen ein zweites Mal belichtet. Unter diesen Bedingungen kann aber nur dann ein Negativ zustande kommen, wenn die lichtempfindliche Schicht sehr kontrastreich arbeitet, also eine möglichst steile Gradation besitzt und demzufolge primäre und sekundäre Belichtung möglichst auseinanderhält.

Es gibt aber kein photographisches Papier, welches ohne weiteres auf dem Reflexwege ein für alle Fälle vollkommen geeignetes Negativ zustande brächte. Denn, gestaltet man die Belichtung richtig und die Entwicklung recht kurz, so erhält man zwar offene und klare Striche der Zeichnung, jedoch wird die notwendige Deckung mangeln. Und anderseits werden die Striche der Zeichnung nicht mehr klar sein, wenn man die Belichtung und Entwicklung so weit treibt, daß die Deckung befriedigen würde. Nichtsdestoweniger kann man aber, vorausgesetzt die Verwendung einer geeigneten lichtempfindlichen Schicht, wie sie das Typonpapier aufweist, ein Reflexnegativ gewinnen, das beim Umkopieren auf ein zweites Typonpapier ein tadelloses Positiv ergibt, welches in Verbindung mit einem Umkehrverfahren auf Zink einwandfreie Kopien zustande kommen läßt. Wollte man aber statt des Positivs ein Negativ haben, so kann man das Positiv neuerdings kopieren und kommt auf diese Art zu einem ganz hervorragenden Negativ. Fürs erste erscheint dieser zwei- bzw. dreifache Weg, um zu einem brauchbaren Negativ zu gelangen, umständlich und auch kostspielig. Doch geht die ganze Arbeit sehr rasch von statten, da man die Kopierungen vornehmen kann solange das Negativ bzw. Positiv noch naß ist.

Es ist staunenswert, nach welch schlechten Vorlagen mittelst des Typon-Reflexverfahrens noch brauchbare Negative zu erhalten sind. Hier muß erwähnt werden, daß das Typonmaterial auch mit abziehbarer Schicht erhältlich ist, so daß man sowohl seitenrichtige oder seitenverkehrte Negative oder Positive, also für Steinkopien oder direkte Kopierungen auf die Offsetmaschinenplatten erzielen kann. Die durch

Verwendung des Typonmaterials resultierenden dünnen Folien oder auch Filme lassen sich außerordentlich leicht auf Glas oder einer anderen durchsichtigen Unterlage montieren.

Praktische Durchführung

Eine unerläßliche Bedingung für erfolgreiches Arbeiten sowohl beim Kopieren von bronzierten Drucken als auch für das Reflexverfahren ist die Benutzung eines pneumatischen Kopierrahmens, denn nur dieser gibt den nötigen Druck bzw. innigen Kontakt zwischen lichtempfindlicher Kopierschicht und dem Original, und nur bei seiner Verwendung kann man Kopierungen von tadelloser Schärfe erzielen.

Abb. 1. Typobelichtungskasten

Eine weitere Vorbedingung ist eine entsprechende Lichtquelle und zwar am besten mehrere Glühlampen gegenüber dem Kopierrahmen, so daß dessen Fläche vollkommen ausgeleuchtet wird. Bei besonders feinen Arbeiten, wie dies etwa die Kopierung eines Rasternegativs auf Filme oder dgl. vorstellt, wird sich die Verwendung einer Lichtquelle von möglichst geringer seitlicher Ausdehnung, etwa einer 6-Volt-Lampe, also eine einzige Glühlampe in größerer Entfernung vorteilhafter erweisen, als wie mehrere nebeneinander gestellte. Letztere Anordnung ist aber dann sehr gut brauchbar, wenn man Reflexnegative anfertigt, da der bei dieser Methode notwendige Gelbfilter das Licht einer einzigen Glühlampe allzu stark schwächen würde. Verschiedene Fachgeschäfte bringen sehr praktische Belichtungskasten (Abb. 1) auf den Markt, welche in ihrem unteren Teil eine Anzahl von Glühlampen enthalten, während der obere Teil einen pneumatischen Kopierrahmen vorstellt. Eine elektrische Schaltuhr, die seitlich am Kasten angebracht ist, unterbricht den Stromkreis der Glühlampen nach einer vorher fixierten Zeit. Auch ist für die Anbringung eines Gelbfilters Vorsorge getroffen.

A. Negative und Positive auf dem Wege der Durchleuchtung

Von den verschiedenen Sorten verwendbaren lichtempfindlichen Materials soll hier das praktische Arbeiten mit dem sehr zuverlässig arbeitenden „Typonmaterial" Beschreibung finden, da sich dasselbe außerordentlich gut bewährt hat.

Man muß sich nur vorerst darüber klar sein, ob man das Typonpapier D, das eine abziehbare Schicht trägt oder den Typonfilm D verwendet. Ein Unterschied zwischen diesen beiden besteht darin, daß hinsichtlich Maßhältigkeit dem Typonfilm der Vorzug einzuräumen ist, was aber nur bei Arbeiten mit sehr genauem Passer zum Ausdruck kommt.

Zur Anfertigung eines Negativs hat man also die betreffende Vorlage mit einem Blatt abziehbaren Papieres oder Film in Kontakt zu bringen und beides in den Kopierrahmen einzulegen. Die Reihenfolge hat dabei so eingehalten zu werden, daß das Licht zuerst die Vorlage zu passieren hat und dann erst auf die lichtempfindliche Schicht auftrifft. Bevor man den Kopierrahmen schließt, ist es vorteilhaft, einen Bogen dunklen Papieres über das lichtempfindliche Papier oder Film zu legen. Bei geschlossenem Kopierrahmen gibt man nun mittelst der Handluftpumpe oder mit einer durch Wasser oder auch motorisch betriebenen Pumpe das notwendige Vakuum, das mindestens 50 bis 60 cm betragen soll. Endlich belichtet man durch Einschalten des elektrischen Lichtes. Handelt es sich um Vorlagen mit sehr feinen Strichen, etwa Guillochen, so ist die Benützung einer einzigen Glühlampe mit geringerer seitlicher Ausstrahlung vorzuziehen, da hierdurch die größtmögliche Schärfe erzielt werden kann. Die Dauer der Belichtung richtet sich ganz und gar nach der Helligkeit der Lichtquelle, aber auch nach dem Grade der Lichtdurchlässigkeit der Vorlage. Am raschesten exponieren natürlich Zeichnungen oder Drucke auf sehr transparenten Papieren oder etwa Glasnegative oder Diapositive. Die nach der Belichtung folgende Entwicklung läßt bei einiger Übung sofort erkennen, ob die Belichtung entsprechend war. Zur Entwicklung selbst kann jeder sehr hart arbeitende Entwickler verwendet werden, doch hat sich seit Jahren der nachfolgende Entwickler bestens bewährt:

Wasser 1000 ccm
Hydrochinon 10 g
Metol 1 g
Natriumsulfit kryst. 75 g
Pottasche 75 g
Bromkalium 10 g
Gelbes Blutlaugensalz 15 g

Es lohnt sich, den fertig angesetzten Entwickler zu filtrieren; derselbe hält sich, in verkorkten Flaschen aufbewahrt, sehr lange und erschöpft sich auch während der Arbeit nur sehr langsam. Nicht oftmals gebrauchter Entwickler kann aufgehoben werden und braucht vor seiner Wiederverwendung nur durch Zusatz noch ungebrauchten Entwicklers etwas aufgefrischt werden. Die ganze nachfolgende Arbeit wird in einer Dunkelkammer bei hellgelber Beleuchtung gemacht. Die Dunkelkammerlampe kann aus einer gelben Überfangbirne bestehen, ähnlich wie man sie z. B. für das nasse Kollodiumverfahren benutzt. Auch kann in jede andere Dunkelkammerlampe die sonst rote Scheibe durch eine käufliche hellgelbe ersetzt werden, oder man fertigt sich eine solche selbst an, wobei man genau so verfährt, wie bei der Herstellung eines Filters; jedoch verwende man das doppelte Quantum an Farbstoff. (S. 14).

Das belichtete Typonmaterial wird nun in den in einer Schale befindlichen Entwickler gebracht und durch Schaukeln der Schale bis zur Erreichung einer kräftigen Deckung entwickelt. Schon an der Raschheit mit der das Bild in Erscheinung tritt, kann man bei einiger Übung erkennen, ob man es mit richtiger Belichtung zu tun hat oder ob dieselbe zu lang bzw. zu kurz gewesen ist. Man entwickle solange, bis auch in der Durchsicht betrachtet die Deckung eine tiefschwarze ist. Kopien, die bei zu knapper Belichtung überaus lange zu entwickeln sind, neigen gerne zu gelblicher Färbung und Unklarheit. Das gleiche trifft auch zu, wenn der Entwickler sehr kalt ist und darum zu lange entwickelt werden muß. Die Gefahr der Verschleierung tritt nur dann ein, wenn die Belichtung nicht ausreichend war oder aber auch, wenn die Vorlage keine gute Deckung hatte. Zu kräftige Belichtung gibt sich dadurch zu erkennen, daß das Bild zu schnell hervortritt, sehr rasch eine kräftige Deckung annimmt und die feinen Striche der Vorlage nicht mehr offen erscheinen.

Nach erfolgter Entwicklung wird die Kopie unter fließendem Wasser kurz abgespült und in das folgende Zwischenbad gebracht:

Wasser   1000 ccm
Essigsäure   30 ,,

Dieses Bad dient zum Lösen der sowohl beim abziehbaren Papier als auch beim Film vorhandenen Lichthofschutzschicht. Nach kurzer Einwirkung wird wieder etwas abgespült und in dem folgenden sauren Fixierbad fixiert.

Wasser 1000 ccm
Fixiernatron 300 g
Kaliumetabisulfit 30 g

Zur Verwendung für abziehbare Papiere füge man dem angegebenen Bad noch 50 g Alaun zu.

Die Fixierung ist sehr rasch beendet, doch sorge man dafür, daß namentlich die Papiere tatsächlich vollständig in das Bad untergetaucht sind, da sonst gelbliche Flecken entstehen würden.

Nach beendigter Fixage wässert man am besten in fließendem Wasser etwa 10 Minuten lang und hängt dann die vom anhängenden Wasser durch Auflegen von Saugpapier oder Überstreichen mit einem durchfeuchteten und ausgedrückten Wildlederlappen befreiten Kopien mit Reißnägel oder Klammern zum Trocknen auf. Benötigt man die Kopien sehr rasch, so kann man dieselben nach dem Wässern auch in Spiritus legen und dann erst zum Trocknen aufhängen.

Das Abziehen der Bildschicht bei Verwendung des Typonpapieres D geht außerordentlich leicht vor sich, vorausgesetzt, daß die Kopien vollkommen trocken sind und durch Abstreifen über eine Tischkante oder vermittelst eines Lineales planliegend gemacht wurden. Man versucht dann mit einem Messer zwischen Papier und Bildschicht zu greifen und entlang dem Rande dieselben voneinander zu trennen. Hierauf erfaßt man die Bildschicht an einer Ecke mit der Hand und zieht sie in der Richtung der Diagonale ab. Die abgezogenen Negative bewahre man zwischen Papierblättern liegend oder in einem Buche auf.

Sollten auf den Negativen irgend welche Retuschen notwendig sein, so muß man dieselben vor dem Abziehen der Bildschicht mit Tusche oder Abdeckfarbe machen.

An dieser Stelle ist auch das „Wincor-Direkt"-Verfahren zu erwähnen, welches dazu dient, Schriftsatz auf die Maschinenplatte zu übertragen. Hierzu werden mit einer besonderen Farbe Drucke des betreffenden Satzes auf Zelluloidfolien gemacht. In einem nachfolgenden Bad saugt die Schicht auf den Folien an den von der Schrift nicht bedeckten Stellen einen Farbstoff an. Hierauf wird der Überschuß des Farbstoffes ausgewässert und nach dem Trocknen die aufgedruckte Schrift abgewaschen. Es resultieren dann schließlich Negative von guter Deckung.[1]

Die Leonar-Werke in Hamburg-Wandsbek erzeugen ein lichtempfindliches Papier, das zur Übertragung von Schriftsatz auf die Maschinenplatte bestimmt ist, und zwar in der Weise, daß man das betreffende Papier bei gedämpften Licht mit dem Schriftsatz bedruckt und mit Graphit oder Bronze einstaubt und schließlich an das volle Tageslicht bringt, bis der Grund eine intensive Färbung angenommen hat. Schließlich wäscht man die aufgedruckte Farbe ab und bringt das Papier in ein Bad von Fixiernatron. Nach gründlichem Wässern und Trocknen hat man ein Negativ vor sich, dessen Schicht sich als dünne Folie abziehen läßt.

B. Die Herstellung von Reflexnegativen

Wie bereits S. 9 erwähnt, lassen sich auf dem Wege des Reflexverfahrens mit dem Typonmaterial außerordentlich gut Negative anfertigen, wozu man allerdings den sogenannten dreifachen Weg einhalten muß. Dabei ist dieses Verfahren durchaus nicht schwierig zu handhaben und es ist auch dem nicht sehr Versierten möglich, einwandfreie Negative zu machen, selbst nach Vorlagen, welche in jeder anderen Reproduktionsmethode schon Schwierigkeiten machen würden. Man kann sehr häufig die Beobachtung machen, daß irgendwelche Vorlagen, die man ursprünglich durchkopieren wollte und wegen der schlechten Deckung kein gutes Resultat ergaben, im Wege des Reflexverfahrens einwandfreie Negative zustande kommen lassen. Die Schärfe der Negative ist eine sehr vollkommene und die gute Deckung macht sie zum Kopieren auf die Maschinenplatte außerordentlich brauchbar.

Während zur Gewinnung von Kopien auf dem Wege der Durchleuchtung zumeist mit einer einzigen Glühlampe als Lichtquelle das Auslangen zu finden ist, ist es für die Herstellung von Reflexnegativen notwendig, mehrere Glühlampen nebeneinander zu stellen, um eine

---

[1] Siehe „Deutscher Drucker", 1927, Juniheft.

größere Fläche vollständig gleichmäßig ausleuchten zu können und möglichst senkrecht auftreffende Lichtstrahlen zu benutzen. Für einen Kopierrahmen in der Größe 50 : 60 cm wird man sich etwa sieben Glühlampen auf einem Brett in der Größe 50 : 60 cm in gleichen Abständen voneinander montieren lassen und in einer Entfernung von etwa 60 bis 80 cm gegenüber dem Kopierrahmen aufstellen bzw. unter dem Kopierrahmen auf den Fußboden legen, wenn man nicht vorzieht, einen der käuflichen Belichtungskästen zu benutzen.

Eine grundsätzliche Bedingung für die Durchführung des Reflexverfahrens ist die Verwendung einer Gelbscheibe von bestimmter Dichte. Diese Gelbscheibe kann entweder direkt vor der Lichtquelle oder vor dem Kopierrahmenglas oder schließlich auch in demselben angebracht sein. Der Gelbfilter[1] hat eine Dichte von 2 g und hat den Zweck, die ganz kurzwelligen Lichtstrahlen abzuhalten, da bei ihrer Mitwirkung nur ein sehr flaues Bild entstehen würde.

Will man nun nach irgendeiner Vorlage ein Reflexnegativ anfertigen, so setzt man zunächst den Gelbfilter vor oder in den Kopierrahmen und legt ein Blatt Typonpapier N in denselben und darauf die Vorlage, so daß sich die Zeichnung derselben mit der Schicht des lichtempfindlichen Papieres berührt. Bei geschlossenem Kopierrahmen muß also das Licht zunächst den Gelbfilter, hierauf das Typonpapier durchdringen und jetzt erst auf das Original auftreffen, von dem es wieder in die Schicht zurückreflektiert wird.

Die Belichtung wähle man reichlich lange. Bei der nachfolgenden Entwicklung (Entwickler wie S. 11) kann man nun sehen, wie zunächst der Grund zwischen der Zeichnung an Schwärzung immer mehr und mehr zunimmt und die Zeichnung selbst anfänglich klar bleibt. Man muß aber, um genügende Deckung zu erhalten, die Entwicklung weiter treiben, wobei sich die Zeichnung selbst bald belegt. Das hat aber gar keinen Schaden, ja man treibe die Entwicklung absichtlich so weit, bis die

---

[1] Zur Herstellung eines solchen Gelbfilters verwendet man eine 6%ige Gelatinelösung, in der Filtergelb (von den Höchster Farbwerken) aufgelöst wird. Man benötigt für einen Filter von der Größe eines Quadratmeters 700 ccm Gelatinelösung 6%ig und 2 g Filtergelb. Aus diesen Zahlen ergibt sich der Ansatz der Farbgelatine für alle Größen von Filtern. Zur Anfertigung selbst, nehme eine saubere Spiegelscheibe, die sorgfältig geputzt, mittels Nivellierfüßen und einer Wasserwage vollkommen horizontal gelagert wird und gieße von der gut filtrierten Farbgelatinelösung das entsprechende Quantum auf, wobei man gleichzeitig mit einem etwa rechtwinkelig gebogenen Glasstab der Lösung nachhilft, so daß sie möglichst rasch und vor dem Erstarren noch die ganze Fläche der Glasplatte bedeckt. Wenn der Arbeitsraum, in dem man das Gießen vornimmt, kalt ist, muß man die Glasplatte vorher anwärmen, wie auch die Gelatinelösung sehr warm gehalten werden muß. Wenn nun nach dem Gießen die Gelatineschicht gänzlich erstarrt ist, stellt man die Glasplatte an einem staubfreien Ort zum Trocknen auf. Um den trocken gewordenen Filter zu schützen, bedeckt man ihn mit einer gleichgroßen Glasplatte, wobei man die Ränder mit schwarzem Papier einfalzen kann.

Zeichnung beinahe verschwindet, denn, wie schon erwähnt, kann es keinesfalls gelingen, auf dem Reflexweg ein sofort zum Kopieren auf Metall verwendbares Negativ zu gewinnen; es dient das Reflexnegativ vielmehr dazu, davon ein Positiv zu kopieren, und für dieses hat die Verschleierung gar keine Bedeutung. Es muß vielmehr Wert darauf gelegt werden, daß der Grund zwischen der Zeichnung selbst möglichst geschlossen erscheint und keine Struktur zeigt. Hierauf wird kurz gewässert und in dem bereits S. 12 angegebenen Fixierbad ohne Alaun fixiert und wieder gewässert.

Arbeitet man nicht gleich weiter, d. h. macht man nicht sofort nach den noch nassen Reflexnegativen die Positive, so bringt man die ersteren zum Trocknen, indem man sie zwischen Saugpapier oder durch Überstreichen mit einem Kautschuklineal oder durchfeuchtetem Wildlederlappen vom anhängenden Wasser befreit und schließlich an einem luftigen Ort aufhängt.

Anfertigung der Positive und zweiten Negative

Will man zum Kopieren auf die Maschinenplatte Positive benutzen, wobei ein Umkehrverfahren angewendet werden muß (Chromgummi), so ist Typonpapier D zu verwenden. Kopiert man hingegen die Maschinenplatte mit Negativen, so gebraucht man für die Positive das Typonpapier N, nach welchen durch abermalige Umkopierung erst die gewünschten Negative herzustellen sind.

Die Anfertigung der Positive ist auf alle Fälle eine leichte und rasche Arbeit. Man legt zu diesem Zwecke das Reflexnegativ in den Kopierrahmen, darüber ein Blatt Typonpapier D oder Typonpapier N und belichtet ohne Gelbscheibe nur wenige Sekunden. (Man beachtet dabei die Reihenfolge: Lichtquelle — Reflexnegativ — Typonpapier.)

Waren die Reflexnegative noch naß, so muß man auch das darübergelegte Typonpapier vorerst in einer Schale mit reinem Wasser so lange durchfeuchten, bis es vollständig weich geworden ist. Das zwischen Reflexnegativ und dem aufgelegten Typonpapier befindliche Wasser ist auf alle Fälle mit einem Kautschuklineal sorgfältig zu entfernen, indem man über die Rückseite des aufgelegten Papieres von der Mitte aus unter kräftigem Druck streicht und auch sorgfältig darauf achtet, daß keinerlei Luftblasen dazwischen sind. Diese Arbeit macht man am besten im Kopierrahmen, das durch das Ausquetschen austretende Wasser saugt man mit Filtrierpapier oder mit einem Wildlederlappen ab.

Nasse Reflexnegative sind wesentlicher transparenter als wie trockene, weshalb die Belichtungszeit kürzer genommen werden kann.

Die Entwicklung geschieht nun auf dieselbe Art, wie dies bei den Reflexnegativen angegeben wurde. Man kann denselben Entwickler benutzen oder ihn zwei- bis dreifach verdünnen. Die Entwicklung soll eine durchgreifende sein, d. h. völlige Schwärzung der Zeichnung hervorbringen. Sollte hierbei etwa der Grund zwischen der Zeichnung einen geringen Belag bekommen, so schadet dies keineswegs. Auch ist es nicht von Belang, wenn die Zeichnung ein breiteres Aussehen hat wie in der Vorlage.

Ist nun genügend durchentwickelt, so wird kurz mit Wasser abgespült und fixiert.

Hat man Typonpapier D verwendet, so empfiehlt sich das Alaun-Fixierbad (wie S. 12 angegeben), das ein Abschwimmen der Schicht hintanhält. Nach dem Fixieren 10 Minuten wässern.

Zur Herstellung des zweiten Negativs (nach dem auf N-Papier gemachten Positiv) zum Kopieren mittels des Chromeiweißverfahrens, kann man nun wieder das Typonpapier D oder den Typonfilm verwenden, wobei man in der gleichen Weise verfährt wie dies eben für die Herstellung des Positivs beschrieben wurde. (Durchleuchtung ohne Gelbscheibe.)

Beabsichtigt man die nach Reflexnegativen gewonnenen Positive auf die Maschinenplatte durch das Chromgummiverfahren zu kopieren, so dürfen diese nur mittels des abziehbaren Typonpapieres D gemacht werden, denn die abgezogenen Folien sind so dünn, daß sie auch in verkehrter Lage kopiert werden können, um ein seitenrichtiges Bild zu ergeben. Bei Verwendung eines Filmes würde dieser ein seitenverkehrtes Bild auf der Maschinenplatte geben.

Herstellung der Kopiervorlagen (Negative und Diapositive) durch Anwendung des photographischen Apparates

Wenn man von den in den vorausgegangenen Abschnitten dargelegten Methoden zur Gewinnung von Negativen, welche in beschränktem Maße Anwendung finden, absieht, gibt es bekanntlich nur den photographischen Apparat in Verbindung mit geeigneten Verfahren, um zu Negativen zu gelangen. Hier hat man auch die Möglichkeit Negative herzustellen, welche das Bild verkleinert oder auch vergrößert zeigen und was das Wertvollste ist, es ist die Wiedergabe von Halbtonbildern möglich, und zwar durch Verwendung des Rasters während der photographischen Aufnahme.

Als photographische Kamera kommt heute wohl ausschließlich die sogenannte Schwingkamera (Abb. 2) in Betracht, eine Einrichtung, die ein sicheres und rationelles Arbeiten ermöglicht und ein gutes Fabrikat vorausgesetzt, eine vollkommen korrekte Abbildung der Vorlage gewährleistet. An einer guten Schwingkamera ist im wesentlichen auf folgende Punkte besonders zu achten. Das Schwinggestell muß massive Balken tragen, die untereinander sehr solid verbunden sein müssen und auch nach Jahren allen atmosphärischen Einflüssen widerstehen. Die Federung des Stativs soll derartig sein, daß nicht schon der geringste Stoß die Kamera zum Schaukeln bringt. Auch dürfen die Federn nicht so schwach sein, daß sie in sich zusammengedrückt werden, wenn Apparat und das

Abb. 2. Schwingkamera

Reißbrettgestell ganz an das Ende der Balken geschoben oder in die Stellung für Prismaaufnahmen gebracht werden. Was die Länge des Schwingstativs anbelangt, ist diese meist so dimensioniert, daß mit dem zur Kameragröße passenden Objektiv eine vier- bis fünfmalige Verkleinerung möglich ist. Sollten stärkere Verkleinerungen gemacht werden, so kann man sich wohl in den meisten Fällen durch Verwendung eines

Objektivs mit kürzerer Brennweite behelfen, wenn man nicht vorzieht, die Länge des Stativs entsprechend anfertigen zu lassen. Besonderes Augenmerk ist dem Reißbrettgestell zuzuwenden. Es ist stets so zu verlangen, daß an Hand von Nivellierschrauben die Möglichkeit geboten ist, das Reißbrett selbst nach Belieben verstellen, d. h. senkrecht zur Objektivachse richten zu können. Auch muß die Verstellung des Reißbrettes sowohl der Höhe nach als auch der Seite nach möglich sein. An die

Abb. 3. Befestigung für Kreisraster

Kamera sind sehr strenge Anforderungen zu stellen; ihre Konstruktion muß derartig genau sein, daß der rückwärtige und vordere Teil vollkommen parallel zueinander stehen, gleichgültig, ob sie nun sehr nahe oder weit voneinander entfernt stehen. Jede für Rasteraufnahmen bestimmte Kamera muß überdies die Vorrichtung zur Befestigung des Rasters aufweisen, der sehr großes Augenmerk zu schenken ist, da diese Einrichtung einer sehr großen Beanspruchung standhalten muß. Sie muß den Raster vollkommen parallel zur Visierscheibe zu verschieben gestatten (Abb. 3). Sowohl Kamera als auch Reißbrettgestell müssen drehbar eingerichtet sein, um den Apparat auch für die Anfertigung von seitenverkehrten Aufnahmen verwenden zu können. In neuerer Zeit erzeugen verschiedene Firmen die Reproduktionsapparate nicht mehr aus Holz, sondern aus Metall, was sehr zu begrüßen ist. Ihre Konstruktion gestattet

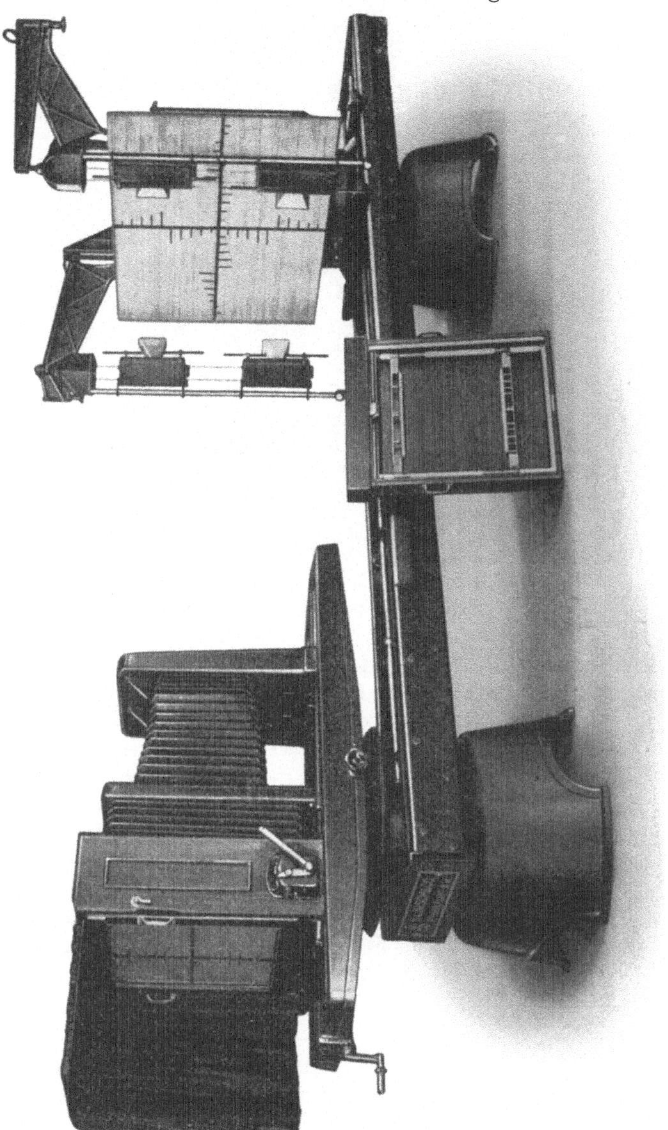

Abb. 4. Reproduktionsmaschine (Metallkamera auf Stahlschienenschwingnegativ) der Firma KLIMSCH & Co. in Frankfurt a. M.

trotz des schwereren Materials außerordentlich leichte Beweglichkeit der einzelnen Teile und die Präzision ist zweifellos auf weit längere Zeit gewährleistet. Auch ist bei diesen „Reproduktionsmaschinen" (Abb. 4) jede Bewegung an Skalen abzulesen bzw. einzustellen, so daß die zeitraubende Arbeit des Einstellens auf ein Minimum herabgedrückt ist. Zu jeder Schwingkamera sollen überdies zwei Kassetten vorhanden sein, um für Emulsionsaufnahmen nicht jene Kassette benutzen zu müssen, die sonst

Abb. 5. Reißbrettgestell mit Einsatzrahmen

für das nasse Verfahren in Anwendung steht. Der Diapositivanhang ist
für Aufnahmen im durchfallenden Licht notwendig, also z. B. bei Ausübung des sogenannten in-
direkten Verfahrens. Er
kommt in verschiedenen
Konstruktionen auf den
Markt (Abb. 5).

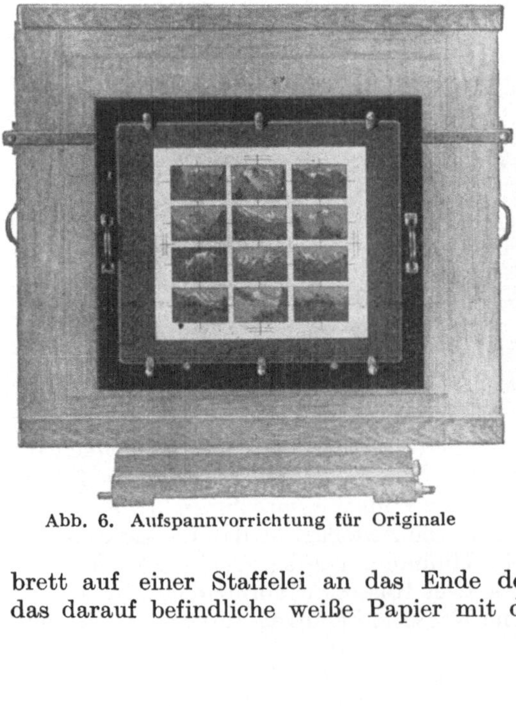

Die früheren Modelle
solcher Diapositivanhänge
waren außerordentlich um-
fangreich und schwer; die
neuere Form hingegen ist
wesentlich vereinfacht und
kann von einem Mann allein
montiert werden. Sie be-
steht darin, daß nach Entfernung des Reißbrettes die
betreffenden Negative in
Rahmen eingefügt werden,
welche im Reißbrettgestell
vorgesehen sind. Die Be-
leuchtung erfolgt nun derartig, daß man das Reiß-

Abb. 6. Aufspannvorrichtung für Originale

brett auf einer Staffelei an das Ende des Schwingstativs stellt und
das darauf befindliche weiße Papier mit den Bogenlampen beleuchtet.

Der Raum zwischen Objektiv und Negativ wird durch einen konischen Balgen, welcher an einem leichten Gestell befestigt ist, verdunkelt.

Die Arbeit der Befestigung der verschiedenen Vorlagen kann eine wesentliche Erleichterung durch Benützung eines Originalhälters erfahren. Abb. 6 zeigt einen solchen modernster Form von KLIMSCH & Co., der aus einer Leichtmetallplatte besteht, welche mit Kork überzogen ist. Darauf kommen die Originale zu liegen, welche dann mit einer Glasplatte bedeckt werden. Die Glasplatte selbst wird durch federnde Klemmen auf die Leichtmetallplatte angepreßt. Die ganze Einrichtung hängt nun während der Aufnahme auf einer am Reißbrett befindlichen Stahlschiene, auf der sie sich bei der Einstellung leicht verschieben läßt.

Aufnahmen aus Büchern machen bekanntlich Schwierigkeiten, da es ohne einer besonderen Vorrichtung nicht gut möglich ist, das zu photographierende Blatt planliegend zu bringen. Um diesen Schwierigkeiten abzuhelfen, ist die Benützung einer in Abb. 7 wiedergegebenen Einrichtung, die an Stelle des Reißbrettes in das Reißbrettgestell eingeschoben wird, zu empfehlen.

Um auf der vorhandenen Schwingkamera auch Aufnahmen größeren Formates durchführen zu können, ist die Anschaffung eines Vergrößerungsansatzes empfehlenswert. Derselbe wird zum Gebrauch hinter den normalen Kamerakasten gestellt und mit diesem durch einen Balgen verbunden. Die Vorrichtung ist dann zur Aufnahme auf größeren Platten zu benutzen, jedoch nicht unter gleichzeitiger Verwendung des Prismas, also nur für Offset- oder Tiefdruckaufnahmen. Abb. 8.

Abb. 7. Vorrichtung für Buchreproduktion

Das vollständige Planliegen von Zeichnungen großen Formates macht mitunter große Schwierigkeiten und nur bei stärkster Pressung sind die Falten auszugleichen. Dieser Schwierigkeit ist man bei Verwendung eines pneumatischen Kopierrahmens enthoben. Abb. 9 zeigt einen solchen, der an Stelle des Reißbrettes eingebaut ist.

Zur Ausrüstung der Reproduktionskamera gehört des weiteren noch das photographische Objektiv (Abb. 10) und auch der Umkehrungsspiegel (Abb. 11) oder Umkehrungsprisma.

Als Objektiv, an das hinsichtlich Genauigkeit der Wiedergabe die strengsten Anforderungen gestellt werden, benutzt man heute aus-

Abb. 8. Schwingkamera mit Vergrößerungsansatz

schließlich die sogenannten Apochromate. Es sind dies Objektive, die wegen ihrer weitgehenden Korrektur gegen das sekundäre Spektrum namentlich in Verbindung mit den verschiedenen Farbenfiltern sehr geeignet sind und bei Farbenaufnahmen gleich große Teilbilder verbürgen. Sie sind aber auch gleich gut verwendbar für Strich, Raster und Halbtonaufnahmen.

Abb. 9. Pneumatischer Originalhälter

Die Größe des Objektivs soll im Einklang stehen mit dem größten Format,
das in der betreffenden Kamera noch
möglich ist. Es gilt da als Erfahrungs-
satz, daß die Brennweite des Objektivs
so groß zu sein hat wie die Diagonale
des größtmöglichen Plattenformates. In
manchen Fällen genügt auch eine Brennweite, welche der Langseite des größten
Plattenformates entspricht. Die Licht-
stärke, das Verhältnis von Durchmesser
zur Brennweite, der modernen Repro-
duktionsobjektive bewegt sich zwischen
1 : 7 bis 1 : 10, was vollkommen ausreicht,
da ja die Expositionen fast ausschließlich
bei künstlichem Licht erfolgen. Als best-
bekannte und leistungsfähige Objektive
deutscher Herkunft mögen genannt sein:
das Tessar von ZEISS, das Artar von
GÖERZ, das Apochromatkollinear von

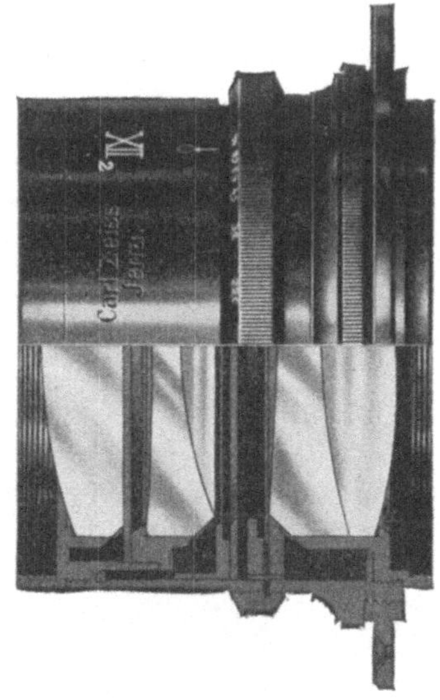

Abb. 10. ZEISS-Tessar

VOIGTLÄNDER, das Apochromat-Orthostigmat von STEINHEIL usw.
Bezüglich des Umkehrprismas oder des Umkehrspiegels sei bemerkt,

Abb. 11. ZEISS-Tessar mit Umkehrspiegel und Filterkuvette

daß dieselben zur Herstellung der seitenverkehrten Negative dienen. Ob man das eine oder andere bevorzugt, ist mehr Geschmacksache, da beide gleich leistungsfähig sind. Es wäre vielleicht anzuführen, daß bei langen Brennweiten dem Umkehrspiegel, der aus Magnalium gefertigt ist, der Vorzug zu geben ist, weil er gegenüber dem Prisma leichter im Gewicht ist und weniger Licht absorbiert wie dieses. Bezüglich der richtigen Stellung der Umkehrvorrichtung siehe den betreffenden Abschnitt.

Die Beleuchtung der Vorlagen während der photographischen Aufnahme erfolgt ausschließlich mit elektrischem Bogenlicht (Abb. 12). Es besteht das Bestreben, ein Licht zur Verfügung zu haben, daß in seiner Farbe dem Sonnenlicht tunlichst nahe kommt. Man erreicht dies nur in Bogenlampen mit offen brennenden Kohlen, welche überdies einen Zusatz von verschiedenen Metallsalzen haben, da gewöhnliche Kohlenstifte ein Licht geben, dem die roten und grünen Strahlen mangeln. (Siehe Deutscher Drucker 1926, S. 25.) Für den Betrieb der Bogenlampen ist Gleichstrom dem Wechselstrom vorzuziehen, da dieser gleichmäßigeres und ruhigeres Licht gibt. Fast überall benutzt man heute vier Bogenlampen, die gegenüber den vier Ecken des Reißbrettes plaziert, dasselbe sehr gut ausleuchten (Abb. 2). Ob die Bogenlampen von der Decke niederhängen oder auf Ständern befestigt sind, hängt von den örtlichen Verhältnissen ab. Wünscht man große Beweglichkeit der Lampen, so ist die Befestigung auf Ständern vorzuziehen

Abb. 12.
Aufnahmebogenlampe

(Abb. 13). Von den meisten Photographen wird der Fehler gemacht, daß sie die Lampen viel zu nahe an das Reißbrett heran-
rücken, wodurch sich die Wärmeentwicklung auf das Original in

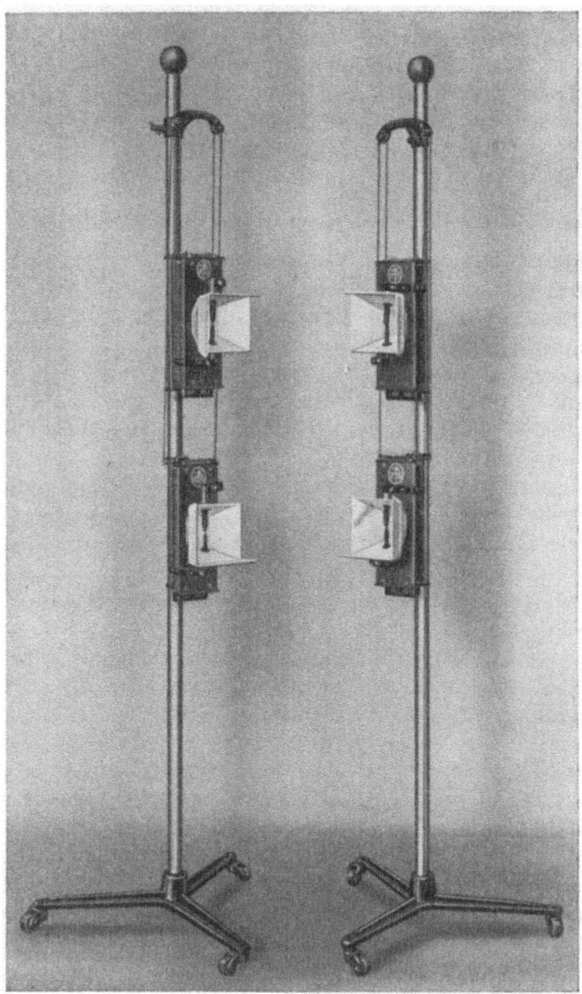

Abb. 13. Vier Bogenlampen auf Säulen

oft bedenklicher Weise bemerkbar macht und zu Paßdifferenzen
Anlaß gibt. Man beachte ferner, daß bei Gleichstrombogenlampen die
größte Fülle des Lichts mehr nach abwärts gerichtet ist, woraus hervorgeht, daß man die Lampen mehr über der horizontalen Achse des Originals
zu hängen hat. Vorlagen, welche etwas glänzen, wie etwa Ölbilder, machen

notwendig, daß der Lichteinfall tunlichst von der Seite her erfolgt, also die Lampen tunlichst weit auseinandergerückt werden, um unangenehmen Reflexen auszuweichen.

Die Bogenlampen bedürfen einer sorgsamen Wartung, wenn sie ihre gleichmäßige Funktion auf die Dauer beibehalten sollen. Namentlich vermeide man es, die Kohlenstifte bis auf den letzten Rest aufzubrauchen, da sonst die Kohlenhalter zu Schaden kommen, was wieder ein Schiefstehen der Kohlenstifte nach sich zieht. Von Zeit zu Zeit empfiehlt es sich, die Gehäuse der Lampen zu öffnen und das Innere mit einem Pinsel einer gründlichen Reinigung zu unterziehen.

Die photographischen Aufnahmeverfahren

Zur Herstellung der photographischen Negative stehen dem Reproduktionstechniker das nasse Kollodiumverfahren, die Kollodiumemulsion sowie die Trockenplatten zur Verfügung. Jedes dieser Verfahren hat seine besondere Eigenschaft, die es auf ein spezielles Verwendungsgebiet verweist.

Das nasse Kollodiumverfahren gibt vor allem lineare Bilder am besten wieder, da bei diesem Verfahren die Schärfe der Zeichnung in den Negativen wegen der physikalischen Entwicklung am besten gewahrt wird. Leider kann aber dieses Verfahren wegen der mangelnden Farbenempfindlichkeit — es reagiert lediglich auf die blauen und violetten Lichtstrahlen — nur zur Herstellung von Strichnegativen nach Schwarzweiß-Zeichnungen in Verwendung kommen.

Das Verfahren mit Kollodiumemulsion, wohl das wichtigste unter den Aufnahmeverfahren, ist das geeignetste zur Herstellung der Rasternegative sowohl nach einfarbigen als auch nach mehrfarbigen Vorlagen. Es kann durch die Verwendung verschiedener Sensibilisatoren gegen alle farbigen Strahlen empfindlich gemacht werden, weshalb es auch zur Herstellung der Teilnegative für den Farbendruck dominiert.

Die Trockenplatte mit ihrer haltbaren Schicht von Bromsilbergelatine besitzt gegenüber den vorher genannten Verfahren die größte Lichtempfindlichkeit und wird den verschiedensten Verwendungszwecken angepaßt erzeugt. Sie eignet sich vorzüglich zu Halbtonaufnahmen, wird aber auch für Strich- und Rasteraufnahmen erzeugt. Alle Sorten kommen sowohl nur blau bzw. violettempfindlich als auch farbenempfindlich auf den Markt. Ihre Eignung zu Farbenaufnahmen ist namentlich in den panchromatischen Schichten gelegen. Obwohl seitens der Fabriken bedeutende Anstrengungen gemacht werden, die beiden Kollodiumverfahren durch die Trockenplatten zu ersetzen, konnte dies bisher doch nicht vollkommen erreicht werden. Ähnlich verhält es sich gegenüber der Kollodiumemulsion. Die Farbenempfindlichkeit ist zwar eine hervorragende, doch gibt die Bromsilbergelatineschicht nicht den tadellosen scharfen Rasterpunkt. Wohl lassen sich Rasternegative herstellen, die dem Aussehen nach den mit Kollodiumemulsion angefertigten nicht nachstehen, doch sind sie wegen des Aufbaues der einzelnen Punkte nicht so gut kopierfähig wie die mit Kollodiumemulsion hergestellten. Es wäre sehr erwünscht, wenn die Trockenplatte baldigst eine solch weitgehende Verbesserung erfahren sollte, daß sie mit der Kollodiumemulsion in ernsthafte Konkurrenz treten könnte, da das Arbeiten mit der letzteren immerhin als recht umständlich anzusehen ist.

Neben der auf Glas präparierten Bromsilbergelatineschicht spielen heute auch die auf Papier und namentlich auf Filmen präparierten Schichten eine Rolle. Sie werden sowohl zur Herstellung von Negativen direkt in der Kamera als auch zu Negativen und Diapositiven im Kontaktwege herangezogen und bieten namentlich bei Montagen mehrerer Negative große Vorteile. Während das gleichzeitige Kopieren von mehreren Glasnegativen auf die Maschinenplatte wegen der verschiedenen Glasstärken und auch wegen des Einpressens der Ecken der Gläser in die Maschinenplatte schwer ist, sind derartige Arbeiten mit Filmnegativen sehr leicht durchführbar.

Negative nach linearen Vorlagen (Strichnegative)

Von den Vorlagen, nach welchen Strichnegative herzustellen sind, muß zunächst verlangt werden, daß sie keine das Zustandekommen eines guten Negativs störende Eigenschaften an sich haben. Störend wirken geringe Kontraste zwischen Papier und den Linien, es soll mit anderen Worten der größtmögliche Kontrast herrschen, am besten natürlich rein schwarze Linien auf rein weißem Grunde. Ferner soll das Papier, auf dem gezeichnet ist, niemals ein genarbtes sein, sondern glatt, am besten glatter weißer Karton. Vorteilhaft ist es, wenn die Zeichnung so gezeichnet ist, daß sie zu verkleinern ist, da hiebei die Schärfe der Striche in der Reproduktion nur verbessert wird. Auf durchsichtigem, sogenanntem Skizzenpapier gemachte Zeichnungen machen während der Aufnahme gerne Schwierigkeiten, weil ihr glattes Aufliegen auf einer weißen Unterlage nicht immer einwandfrei zu erzielen ist, wodurch die Linien einen Schatten werfen und dann im Negativ viel zu breit erscheinen.

Zur Reproduktion wird die betreffende Zeichnung am Reißbrett mit Reißnägel befestigt, besser aber unter einer Glasplatte auf das Reißbrett angepreßt. Die verschiedenen Firmen bringen für diesen Zweck verschiedene Einrichtungen auf den Markt, die sich außerordentlich gut bewähren und eine rasche Manipulation erlauben (Abb. 6). Man hat sich nun im klaren zu sein, für welchen Zweck die Aufnahme verwendet wird. Soll das Negativ zum direkten Kopieren auf die Maschinenplatte oder Photolithographie auf Papier gehören, dann muß ohne Prisma bzw. Umkehrspiegel gearbeitet werden; hingegen werden dieselben benutzt, wenn es sich um ein Negativ handelt, das auf lithographischen Stein, von dem direkt gedruckt wird, zu kopieren ist.

Die Einstellung des Bildes auf die verlangte Größe auf der Visierscheibe erfolgt nun so, daß man zunächst einmal das Bild überhaupt zu erlangen trachtet. Hierauf mißt man die Größe und verändert im Bedarfsfalle die Entfernung zwischen Apparat und Reißbrett. Hat man nun die

Größe ungefähr erreicht, so wird man nunmehr das Bild auf der Visierschiebe genau in die Mitte bringen und mit einer Einstellupe vollkommen scharf zu erreichen trachten. Jetzt erst kontrolliert man endgültig die Größe und muß im Bedarfsfall neuerdings die Entfernung zwischen Apparat und Reißbrett verändern und wieder scharf einstellen. Nach abermaliger Kontrolle mit dem Maßstab darf dann an der Einstellung nichts mehr geändert werden. Besonders bei großen Formaten hat man die Scharfstellung genauestens durchzuführen und namentlich die Ränder der Zeichnung auf der Visierscheibe untereinander zu vergleichen; sie müssen alle vollkommen scharf erscheinen. Sollte die eine oder andere Ecke zur Erreichung scharfer Abbildung eine Änderung der Stellung der Visierscheibe notwendig machen, so ist dies ein Zeichen, daß das Reißbrett nicht parallel zur Visierscheibe gestellt ist. In diesem Falle kann auch niemals eine korrekte Abbildung zustande kommen.

Bei manchen Objektiven wird man ohne Blende kaum richtig scharf einstellen können. Die Striche der Zeichnung erscheinen auf der Visierscheibe grau. Verwendet man aber bei der Einstellung eine Blende (die vorteilhafterweise größer ist wie die für die Aufnahme bestimmte), so ist das ganze Bild auf der Visierscheibe etwas dunkler, aber die Scharfstellung ist wesentlich leichter zu erreichen.

Nach der Einstellung überzeuge man sich noch von der richtigen Stellung der Bogenlampen, welche die Vorlage vollkommen gleichmäßig zu beleuchten haben. Kleine Unterschiede in der Gleichmäßigkeit der Lichtverteilung auf der Vorlage machen sich in den Negativen, namentlich bei kurzer Belichtungsdauer, recht unangenehm bemerkbar, indem an der weniger kräftig beleuchteten Stelle die Linien im Negativ breiter erscheinen.

Negative mit dem nassen Kollodiumverfahren

Sicherlich ist das alte, nasse Kollodiumverfahren noch immer das vorteilhafteste, da es billig arbeitet und die beste Schärfe erzielen läßt. Seine Ausübung ist aber nur dort zu empfehlen, wo es fortlaufend ausgeübt werden kann, da die für das Verfahren benötigten Lösungen leicht dem Verderben ausgesetzt sind und darum nicht lange genug aufbewahrt werden können.

Man benötigt zunächst zur Erzielung der lichtempfindlichen Schicht das jodierte Kollodium. Von den vielen bestehenden Formeln, sei die nachstehende als sehr bewährt empfohlen:

Jodkadmium	7,0 g
Jodammonium.....................	3,2 „
Bromammonium	1,2 „
Alkohol, 96 prozentig	175 ccm

Die Herstellung des jodierten Kollodiums erfolgt nach folgender Art: Man löse zunächst die angeführten Salze in Alkohol auf und filtriere die Lösung sorgfältig durch Papier. Schließlich vermische man drei

Teile von $2^0/_0$igem Kollodium mit einem Teil der oben angegebenen Jodierungsflüssigkeit. Das Gemisch läßt man ein bis drei Tage stehen und kann es dann bereits gebrauchen. Vor dem Gebrauch filtriere man aber durch Watte. Es sei bemerkt, daß man die Jodierungsflüssigkeit auch als größeres Quantum ansetzen kann, da die Lösung, wenn sie im Dunkeln und sehr gut verschlossen aufbewahrt wird, über ein Jahr haltbar ist. Gut abgelagerte Jodierungsflüssigkeit ist einer frisch angesetzten vorzuziehen, da sie sehr rein arbeitet. Das gleiche gilt vom Kollodium; man verwende daher immer solches, das schon einige Zeit abgelagert ist.

Sollte frisch angesetztes jodiertes Kollodium etwa zu dünne Negative ergeben, so kann man diesen Fehler durch Zusatz einiger Tropfen einer Lösung von Jod sublimiert in Alkohol (sogen. Jodtinktur), bis zur braunroten Färbung, beheben. Alt gewordenes Kollodium wird gerne dünnflüssig, dunkelrot, arbeitet unempfindlich und ist dann nicht mehr verwendbar. Man kann es, frisch zubereitetem Kollodium zugesetzt (aber nur in kleinen Quantitäten!) schließlich wieder aufbrauchen.

Eine weitere Notwendigkeit für die Ausübung des nassen Kollodiumverfahrens ist das Silberbad. Dasselbe stellt eine Lösung von Silbernitrat krist. in dest. Wasser vor, und zwar im Verhältnis 1:10, unter Zusatz von Salpetersäure etwa 3—5 Tropfen auf einen Liter. Frisch angesetzte Silberbäder geben zunächst dünne kraftlose Negative, erst wenn das Bad einige Male in Verwendung war, arbeitet es zufriedenstellend. Man kann aber frisches Silberbad rasch gebrauchsfertig machen, wenn man in dasselbe eine mit jodiertem Kollodium überzogene Platte einlegt und etwa über Nacht darin liegen läßt. Es hat sich dann genügend Jodsilber aufgelöst wodurch den nun für die Verarbeitung bestimmten präparierten Platten kein nennenswertes Quantum Jodsilber entzogen werden kann. Alt gewordene Silberbäder haben aber schließlich schon zu viel Jodsilber gelöst, was sich in Form von sogenannten Nadelstichen auf den Negativen bemerkbar macht. Diese Anreicherung von Jodsilber kann man beheben, wenn man ein solches Silberbad mit einem frischen, noch ungebrauchten Bad vermischt. Tritt auf den Negativen Schleier auf, so ist meistens Mangel an Säure die Schuld (Prüfung mit Lackmuspapier!). Es kann aber auch durch Verunreinigung mit organischen Substanzen (Staub) Schleier entstehen, in welchem Falle Zusatz einiger Tropfen einer Lösung von Kaliumpermanganat (bis die anfangs entstehende rötliche Färbung durch einige Minuten hindurch anhält) Abhilfe schafft. Auch Aufstellen des Silberbades im Sonnenlicht, während einiger Tage ist ein wirksames Mittel. Im übrigen soll man ein Silberbad das gerade nicht gebraucht wird, immer am Fenster im vollen Licht aufbewahren. Die Konzentration des Silberbades ist von Einfluß auf die Kraft der Negative und auch auf die Empfindlichkeit. Schleierbildung hat häufig die zu geringe Konzentration als Ursache. Man bedient sich zur Prüfung der Konzentration des Argentometers. Falls das Silberbad zu dünn ist, füge man festes Silbernitrat zu und prüfe gleichzeitig auch die Reaktion.

Glasplatten, welche nun zur Präparation verwendet werden, müssen einer sorgfältigen Reinigung unterzogen werden. Absolute Reinheit ist dadurch zu erzielen, daß man die Platten auf mindestens 24 Stunden in Salpetersäure (1:3 mit Wasser vermischt) einlegt. Sehr gut bewährt sich auch die folgende Zusammensetzung: 50 l Wasser, 2,5 kg Kaliumbichromat und 6 l Schwefelsäure.

Diese Bäder müssen in Steinzeugwannen aufbewahrt werden. Man pflegt meistens jede mißlungene Aufnahme gleich nach dem Abbürsten in die Säure zu legen.

Die aus der Säure kommenden Platten sind mit einer Bürste gründlich abzureiben, mit Wasser nachzuspülen und schließlich zum Trocknen aufzustellen. Die trockenen Glasplatten sind nun mit einem Poliermittel sehr sauber zu putzen. Man verwendet hierzu entweder Schlämmkreide oder Polierrot zu einem dünnen Brei angerührt und reibt denselben mit einem Lappen unter einigem Druck über die Platten. Schließlich reibt man mit einem anderen Lappen diesen Brei wieder weg und putzt noch mit Alkohol oder Spiritus nach, so daß die Oberfläche absolut rein ist. Man reibe auch schließlich über die Kanten der Gläser so, daß die dort etwa verbliebenen Reste des Putzmittels entfernt werden.

Vorpräparation

Dieselbe hat den Zweck, ein besseres Haften der später zu präparierenden Kollodiumschicht herbeizuführen und aber auch Kratzer in der Glasplatte zu verdecken.

Hat man ganz saubere Gläser zur Verfügung, kann man ja die Vorpräparation schließlich weglassen, muß dann aber doch wenigstens durch Bestreichen der Ränder mit dünner Kautschucklösung, in einer Breite von etwa 1 cm, einen Halt für die Schicht schaffen.

Eine sehr bequeme Art der Vorpräparation stellt die Verwendung einer dünnen Kautschuklösung, die man über die Platte gießt, vor. Hierzu kauft man den sogenannten Kautschukzement, eine ganz dicke Lösung, die man mit Benzin im Verhältnis 1:100 verdünnt und gut filtriert. Die Glasplatte muß vor dem Übergießen mit einem Pinsel abgestaubt und nach dem Trocknen des Übergusses auch schon bald mit Kollodium präpariert werden.

Die für das Arbeiten mit Kollodiumemulsion meist in Verwendung stehende Vorpräparation mit Gelatine, ist für das nasse Kollodiumverfahren ebenfalls sehr geeignet und sichert ein sehr gutes Haften der Schicht; allerdings machen solche Negative beim eventuellen Abziehen der Bildschicht Schwierigkeiten, was aber durch Verwendung von einigen Tropfen Schwefelsäure oder Flußsäure zur Abziehlösung vermieden werden kann. Zur Vorpräparation mit Gelatine benötigt man die folgende Lösung:

Gelatine, harte Sorte .... 4 g
Wasser .... 1000 ccm

werden im Wasserbade gelöst und hierauf 20 ccm einer Lösung von Chromalaun 1:10 zugesetzt. Die fertige Lösung ist sehr sorgfältig durch Papier zu filtrieren und auf die aus der Säure kommenden Platten, nachdem sie mit einem Schwamm tüchtig abgerieben und mit Wasser gründlich abgespült wurden, zweimal aufzugießen. Zum Trocknen der übergossenen Platten stelle man sie in einen Plattentrockenständer und schütze sie sehr sorgfältig vor Staub. Bei dieser Art der Vorpräparation treten hinsichtlich der Reinheit mitunter Schwierigkeiten auf. Man sorge daher stets für die größte Sauberkeit der aus der Säure kommenden Gläser, spüle jeden Rest von anhaftender Säure gründlich ab und trockne die gelatinierten Platten in einem vollständig staubfreien Raum.

Die trocken gewordenen Platten können vor der Verarbeitung sorglos mit einem weichen Haarpinsel abgestaubt werden; sie sind, in einem trockenen Raum aufbewahrt, wochenlang haltbar.

Die Präparation

Gut filtriertes, jodiertes Kollodium wird nun zur Herstellung eines Negativs auf die Platte aufgegossen und der von der Platte ablaufende Überschuß in einer eigenen Flasche wieder aufgefangen; er kann durch Zusatz zum frischen Kollodium wieder verwendet werden. Der Aufguß des Kollidiums erfordert einige Geschicklichkeit und hat so zu erfolgen, daß nach dem Erstarren eine gleichmäßige Schicht entstanden ist. Ist das aufgegossene Kollodium einmal erstarrt, so hat man die Platte sofort in das Silberbad zu bringen. Auch hierbei ist wieder eine gewisse Geschicklichkeit zu beobachten, indem darauf zu achten ist, daß das Bad in einem Zuge über die Platte läuft, da sonst durchsichtige Streifen entstehen würden. Im Silberbad hat die Platte nun so lange zu verbleiben, bis die Schicht von demselben ordentlich durchdrungen ist, was zu konstatieren ist, indem man die Platte aus dem Bad hebt. Zeigen sich keine an Fett erinnernden Streifen mehr, dann kann sie gänzlich aus dem Bad genommen werden. Die Rückseite wischt man zweckmäßig mit einem Stück Filtrierpapier von dem anhaftenden Silberbad gründlich ab. Erst hierauf gelangt die Platte in die Kassette und zum photographischen Apparat um dort belichtet zu werden.

Selbstverständlich ist zu der ganzen geschilderten Arbeit die Dunkelkammer nötig, in welcher die Beleuchtung lediglich durch gelbes Licht erfolgen darf. Hiezu benutzt man am besten sogenanntes gelbes Überfangglas, entweder in einer Dunkelkammerlampe oder als gelbe Überfangbirne, welche über eine gewöhnliche Glühbirne von etwa 25 Kerzen Helligkeit gestülpt wird.

Die Belichtung

Maßgebend für die Dauer der Belichtungszeit sind nun verschiedene Faktoren, und zwar Stärke der Beleuchtung, Maßstab der Reproduktion sowie Größe der Blende und schließlich auch die

Beschaffenheit der Vorlage. Hinsichtlich der Größe der Blende ist zu bemerken, daß man einerseits eine solche von möglichst kleinem Durchmesser zu verwenden wünscht, um die Schärfe der Zeichnung recht vollkommen wieder zu geben; anderseits muß aber bedacht werden, daß die kleine Blendenöffnung die Belichtungsdauer ganz wesentlich verlängert. Man wird daher in den meisten Fällen eine Blende, die dem halben Durchmesser des Objektivs entspricht, verwenden, um dann bei Zeichnungen mit sehr feinen Strichen oder bei sehr starken Verkleinerungen eben eine kleinere Blende zu gebrauchen. Es ist vorteilhaft, durch kleine Blenden zu längeren Belichtungszeiten zu gelangen, da das langsam exponierte Bild klarer und brillanter sich entwickeln wird. Im Übrigen ist die Abschätzung der richtigen Belichtungszeit reine Erfahrungssache.

Entwicklung und Fixage der belichteten Platten

Die eben exponierte Platte hat sofort in der Dunkelkammer entwickelt zu werden. Dies geschieht durch Übergießen mit der nachstehenden Entwicklerlösung:

$$
\begin{array}{ll}
\text{Eisensulfat} & 300\ \text{g} \\
\text{Kupfervitriol} & 160\ \text{g} \\
\text{Wasser} & 10\ \text{l} \\
\text{Essigsäure} & 500\ \text{ccm} \\
\text{Alkohol} & 300\ \text{ccm}
\end{array}
$$

Das Übergießen hat wieder mit einer gewissen Geschicklichkeit zu geschehen, denn man muß es vermeiden, daß sich die Lösung auf der Platte staut und das an ihr haftende Silberbad abgeschwemmt wird. Gießt man also zu viel Lösung auf, so daß ein beträchtlicher Teil wieder abfließt, so kann man damit rechnen, Negative zu bekommen, die nicht die genügende Kraft haben. Die Entwicklung geht sehr rasch vor sich und man muß dabei die Platte stets in Bewegung halten, um einer ungleichen Entwicklung vorzubeugen. Bei einiger Übung kann man schon an der Schnelligkeit mit der das Bild in Erscheinung tritt, beurteilen, ob die Exposition richtig war. Es ist aber zwecklos, wenn zufolge zu langer Belichtung das Bild allzuschnell hervorkommt, mit der Entwicklung bald aufzuhören. Eine solche Aufnahme ist einfach verdorben und man tut besser, sie bei kürzerer Belichtungszeit zu wiederholen. Es ist immer vorteilhafter die Entwicklung möglichst lange zu gestalten, denn, vorausgesetzt, daß das Silberbad schleierfrei arbeitet, bleibt die richtig belichtete Platte während der Entwicklung klar und gewinnt sehr gut an Deckung, was sehr wichtig ist. Sind alle Materialien von guter Beschaffenheit, so kann sorglos entwickelt werden, denn die Entwicklung bleibt mehr oder weniger ohnehin von selbst stehen. Die entwickelte Platte wird schließlich mit Wasser gründlich gespült und fixiert, was durch Einlegen in eine Lösung von Fixiernatron 1:4 geschieht. Weitaus schneller fixiert aber eine Lösung von Cynkalium 1:40; sie kann wegen des raschen Fixierens auch über das Negativ gegossen werden. Die mit Cynkalium fixierten Negative sind häufig klarer wie die mit Fixiernatron behandelten.

Verstärkung der Negative.

Das entwickelte und fixierte Negativ hat nicht jene Deckung, daß es sich ohne weiteres für die Kopierung eignen würde. Es muß vielmehr verstärkt werden, wozu verschiedene Verstärker dienen können. Für die meisten Fälle wird der Kupfer-Silber-Verstärker bevorzugt, weil er sehr gute Deckung gibt und die Linien der Zeichnung klar läßt. Auch kann er im Bedarfsfall zweimal an einem und demselben Negativ angewendet werden, wodurch er außerordentlich ausgiebig wird.

Man benötigt dazu zwei Lösungen:

Wasser	1000 ccm	Silbernitrat	50 g
Kupfersulfat	120 g	Wasser	1000 ccm
Bromkalium	40 g	Salpetersäure, einige Tropfen.	

Das zu verstärkende Negativ wird nach gründlichem Wässern in das Kupferbad gelegt, bis das Bild ganz gebleicht erscheint. Hierauf wieder gründliches Wässern und einlegen in die Silbernitratlösung bis es geschwärzt erscheint. Man beobachte hier auch immer die Rückseite der Negative um zu sehen, ob die Wirkung auch durch das ganze Bild gereicht hat. Nach dem Silberbad wieder sehr gut Wässern und nun kann man, wenn die Deckung eine ausreichende ist noch eine Nachschwärzung mit Schwefelammon (1:5) vornehmen. Sollte aber die Deckung keine genügende sein, so wird man gut tun, die ganze Verstärkung mit dem Kupfer-Silberverstärker noch vor dem Schwärzen mit Schwefelammon zu wiederholen. Es hängt eben ganz und gar von der Dauer der Belichtung und auch von der Entwicklung ab, ob man mit einer einmaligen Verstärkung das Auslangen findet. Ist das Original nicht auf rein weißem Papier gezeichnet, sondern etwa auf gelblichen, oder sind die Striche der Zeichnung grau statt rein schwarz, so daß die Expositionszeit recht knapp bemessen werden mußte, so wird eine zweimalige Kupfer-Silberverstärkung notwendig sein. Selbstverständlich kann man nach der zweimaligen Verstärkung immer noch mit Schwefelammonium nachschwärzen.

Zeichnungen mit s e h r f e i n e n Strichen etwa Kupferstiche und dgl. können in der Regel nicht mehr mit dem Kupferverstärker behandelt werden. Es würde der Verstärker zu ausgiebig wirken und die feinsten Striche zu enge machen. In solchen Fällen ist ein weniger ausgiebiger Verstärker am Platze und zwar der Quecksilberverstärker in der folgenden Zusammensetzung:

Quecksilberchlorid, kaltgesättigte Lösung und einige Tropfen Salzsäure.

Das gewässerte Negativ wird in die obige Lösung eingelegt und bleibt so lange darinnen, bis es durch und durch weiß geworden ist.

Hierauf gründlich Wässern und mit verdünntem Ammoniak (1:5) durch Übergießen schwärzen.

Bei dieser Art der Verstärkung, die weit weniger ausgiebig ist wie die vorher angeführte, kann man nur dann eine genügende Deckung der Negative erzielen, wenn diese schon durch die Entwicklung an und für sich gut gedeckt waren.

Eine billige Verstärkungsart, die aber bei nassen Kollodiumnegativen nicht immer den gewünschten Erfolg gibt, ist die Bleiverstärkung; sie eignet sich besser zum Verstärken von Negativen, die mit der Kollodiumemulsion gemacht sind. Bei nassen Kollodiumnegativen ergibt sich nur dann eine sehr gute Deckung, wenn die Negative an und für sich schon eine gute Dichte hatten. Die mit dem Bleiverstärker behandelten Negative lassen sich im übrigen schwer von der Glasplatte abziehen. Über die Durchführung siehe unter Verstärkung beim Verfahren mit Kollodiumemulsion.

Abschwächung

Mitunter ist es notwendig, Negative, denen die volle Klarheit mangelt, mit dem Abschwächer zu behandeln, der nicht allein die Linien der Zeichnung klar macht, sondern auch (leider) die Deckung etwas schwächt. Aus diesem Grunde wird man die Abschwächung in Ausnahmsfällen verwenden und nur dort, wo man an der Zeichnung nicht viel ruinieren kann, denn bei etwas ausgiebiger Abschwächung werden die Linien gerne breiter geraten. Man verwendet zur Abschwächung den sogenannten FARMERschen Abschwächer, den man sich durch Mischen von einem Teil Blutlaugensalzlösung (1:40) mit zwei Teilen einer Lösung von Fixiernatron (1:4) herstellt. Auf alle Fälle wird man zu dem Gemisch noch etwa die fünffache Menge Wasser geben, um seine Wirkung tunlichst langsam zu gestalten. Die Handhabung ist sehr einfach: Man gießt das Gemisch auf das Negativ und bewegt dasselbe langsam, so daß der Abschwächer fortwährend gleichmäßig über die Platte läuft. Zur Unterbrechung spült man mit Wasser ab.

Sehr brauchbar zum Abschwächen ist auch ein Gemisch einer Cyankaliumlösung (1:50), mit einigen Tropfen einer Lösung von 5 g Jod und 10 g Jodkalium in 500 ccm Wasser. Das Gemisch ist ebenfalls mit Wasser zu verdünnen, damit es nicht zu rasch und ungleichmäßig arbeitet.

Eine bewährte Art der Abschwächung, aber nur bei Negativen mit breiter Zeichnung, stellt die Überführung des Bildes in Jodsilber vor, das sich dann in Cyankaliumlösung abschwächen läßt. Bei dieser Methode gewinnt das Bild in den meisten Fällen sogar an Dichte. Man verstärkt zunächst mit dem Kupfersilberverstärker und übergieße nach gründlichem Waschen mit der oben angegebenen Jodlösung bis das Bild vollkommen grünlichweiß geworden ist. Hierauf kann man nach kurzem Wässern mit einer sehr verdünnten Cyankaliumlösung abschwächen. Hierbei läßt sich das Bild in der Aufsicht sehr gut beobachten und der zarteste Schleier ist sehr gut sichtbar. Nachdem die Abschwächung beendet ist, muß man das Negativ schließlich mit einer Schwefelammoniumlösung 1:5 schwärzen.

Negative nach linearen Vorlagen mittels Trockenplatten und ähnlichem Material

In der modernen photomechanischen Trockenplatte und den mit ähnlicher Schicht überzogenen Filmen ist dem alten nassen Kollodiumverfahren ein mächtiger Konkurrent entstanden. Es mag zugegeben werden, daß Kollodiumnegative in manchen Belangen den Trockenplattennegativen überlegen sind, doch wird dies gerade nur in ganz wenigen Fällen zutreffen, z. B. bei Vorlagen mit besonders feinen Strichen etwa Holzschnitten oder Gravüren sowie Guillochen. Im allgemeinen aber muß man aber sagen, daß die überwiegende Mehrzahl aller Vorlagen recht gut mit dem Trockenmaterial zu reproduzieren sind und daß hierbei ganz namhafte Vorteile in Erscheinung treten, die den an sich höheren Preis wieder ausgleichen. Diese Vorteile sind in der steten Bereitschaft, ferner im ganz gleichmäßigen Guß und in der Reinheit der fertigen Negative gelegen. Bei Verwendung einer entsprechenden Wässerungsanlage ist die Zeit zum Auswässern der fixierten Negative auf ein Minimum zu bringen, was auch in der zumeist sehr dünnen Schicht begründet ist. Die geringe Sorgfalt für die fertigen Negative ist ein weiterer Vorteil. Schließlich geben die photomechanischen Filme noch die Möglichkeit, ohne Umständlichkeit Montagen durchzuführen.

Ob Platte oder Film, in beiden Fällen ist das Hauptaugenmerk darauf zu richten, daß ein Entwickler zur Verwendung kommt, welcher an sich schon eine bedeutende Deckung ergibt, ohne die Klarheit zu beeinträchtigen. Ist zudem noch die Exposition richtig getroffen, so resultieren nach einigermaßen guten Vorlagen, Negative deren Deckung nur sehr selten durch eine nachherige Verstärkung verbessert werden muß. Anderfalls wieder kann bei nicht ganz geeigneten Vorlagen durch geschickte Anwendung des Abschwächers und des Verstärkers ein an sich nicht befriedigendes Negativ zu einem sehr gut brauchbaren umgestaltet werden.

Das in Rede stehende Material kann nun auch häufig der Vorlage angepaßt werden, d. h. es können orthochramtische bzw. panchromatische Schichten verarbeitet werden.

Der Sorge um das völlige Planliegen von Filmen in der Kassette ist man ganz enthoben, wenn man sich einer ganz einfachen, leicht selbst herzustellenden Vorrichtung bedient. Diese besteht darin, daß man weiche Buchdruckwalzmasse in einem Topf im Wasserbade schmilzt und auf eine völlig horizontal liegende Spiegelglasplatte aufgießt. Der Aufguß soll etwa 2—3 mm hoch stehen. Zweckmäßiger Weise wird man vorher an die Ränder der Platte etwa $\frac{1}{2}$—1 cm breite Streifen stärkeren Karton legen. Verwendet man eine matte Glastafel, so kann man sich überdies auf der matten Seite noch mit einem Blaustift eine Einteilung für die verschiedenen Formate zeichnen. Nach 24—48 Stunden ist die Walzenmasse schließlich so weit erstarrt, daß man die Platte in die Kasette geben kann. Der zu verwendende Film wird nun auf die Schicht aus Walzenmasse leicht angepreßt indem man mit dem reinen Handrücken über den Film gleitet. Dieser wird nun sehr gut haften und kann nach erfolgter Aufnahme ganz leicht wieder abgezogen werden, ohne daß dessen Rückseite beschmutzt wäre. Die Platte mit der Walzenmasse kann durch Wochen hindurch benutzt werden. Sollte die Schicht nicht mehr ordentlich klebrig sein, so streicht man mit einem in Wasser getränkten Schwamm darüber; nach einigen Stunden ist sie wieder verwendbar. Wenn nun die Schicht einmal ganz unbrauchbar geworden ist, löst man sie mit einem flachen Messer ab, schmilzt dieselbe neuerdings im Wasserbad und gießt sie wieder auf. Die „AGFA" gibt an Stelle der Walzenmasse sogenannte Klebegelatine folgender Zusammensetzung an: 40 g Gelatine, 500 ccm warmes Wasser und 50 ccm Glyzerin. Der Aufguß soll nicht zu dick erfolgen und ist nach 2 Tagen verwendbar. Weiter wird als Lichthofschutzschicht ein Zusatz von etwas Neucoccin zur Klebegelatine empfohlen und zur Vermeidung von Schimmelpilzen einige Tropfen Karbolsäure.

Hinsichtlich der Belichtungszeit ist zu sagen, daß dieselbe natürlich auf Grund der Erfahrung zu ermitteln ist. In zweifelhaften Fällen und um mit Material zu sparen schneidet man sich zunächst einen schmalen Streifen von der Platte oder Film ab und bringt ihn der Höhe nach gelagert in die Kassette. Durch allmähliches, stufenweises Aufziehen der Jalousie kann man nun auf diesen Streifen verschieden lange Belichtungen vornehmen. Kontrolliert man nun beim Entwickeln noch mit der Uhr, so kann man dann schließlich aus dem Probestreifen mit großer Genauigkeit die richtige Belichtungsdauer konstatieren.

Die Belichtung führe man stets mit einer kleinen Blende durch, etwa f-40 bis f-60. Es ist stets besser, wenn die Belichtungszeit nicht nach wenigen Sekunden zählt sondern lieber länger dauert, da man dann nicht so leicht Fehler begeht, auch anderseits zu mehr Kontrast in den Negativen kommt.

Die Entwicklung wird mit einem sehr hart arbeitenden Entwickler durchgeführt, der die beste Deckung bei vollkommener Klarheit gewährleistet. Als solcher ist der nachstehende bekannt:

Lös. 1. Wasser .... 1000 ccm	Lös. 2. Wasser ...... 1000 ccm
Hydrochinon ... 10 g	Ätzkali in
Kaliumetabisulfit 10 g	Stangen ... 20 g
Bromkalium ... 2 g	

Zum Gebrauch werden gleiche Teile der Lösung 1 und Lösung 2 gemischt. Man mische aber nur gerade so viel, als zu einer Platte gebraucht wird, da das Gemisch nicht lange hält und sehr rasch oxydiert. Die einzelnen Lösungen dagegen sind sehr haltbar, namentlich wenn man sie in gut schließenden Flaschen aufbewahrt.

Die Entwicklung ist, vorausgesetzt normale Temperatur, in zirka drei Minuten beendet. Es empfiehlt sich stets eine Uhr mit Glockensignal zu verwenden, wodurch man an die Einhaltung der richtigen Entwicklungsdauer besser erinnert wird, und schließlich nur mehr die Exposition als variablen Faktor zu berücksichtigen hat.

Nach beendigter Entwicklung spült man kurz mit Wasser ab und fixiert in einem sauren Fixierbad folgender Zusammensetzung: Wasser 1000 ccm, Fixiernatron krist. 200 g, 100 ccm saure Sulfitlauge oder 20 g Kaliummetabisulfit. Erst nachdem die Platten oder Filme völlig ausfixiert sind, bringe man sie an das Tageslicht. Hier hat man nun genau mit der Vorlage zu vergleichen, eventuell mit der Lupe die Schärfe zu kontrollieren. Sind alle Striche vollkommen klar und die Deckung nicht zu gering, so wird das Negativ in der Regel entsprechen. Sind die Striche der Zeichnung dagegen belegt, so wird zumeist zu lange Belichtungszeit die Schuld sein. Waren in der Vorlage Striche, die nicht vollkommen schwarz erscheinen, so können dieselben nur dann im Negativ klar wiederkommen, wenn die Belichtung auf das kürzeste gewählt wird, was dann meist auf Kosten der Deckung geht.

In vielen Fällen wird, vorausgesetzt richtige Belichtung und Entwicklung das Negativ genügend Deckung und Klarheit haben. Falls die Klarheit zu wünschen übrig läßt, kann man durch Anwendung des bekannten FARMERschen Abschwächers folgender Zusammensetzung eine Verbesserung herbeiführen.

Lös. 1. Wasser ....1000 ccm   Lös. 2. Wasser .... 1000 ccm
      Rotes Blutlaugensalz 20 g   Fixiernatron.... 250 gr

Zum Gebrauch mischt man gleiche Teile Lösung 1 und Lösung 2 und verdünnt auf das zwei- bis vierfache mit Wasser.

Das mit dem Abschwächer behandelte Negativ gewinnt sehr bald an Klarheit wobei natürlich die Deckung etwas verloren geht. Man beobachte beim Abschwächen durch öfteres Unterbrechen ob die Klärung nicht zu energisch vor sich geht und ob nicht etwa die Linien der Zeichnung zu leiden beginnen. Zu langes Abschwächen macht die Linien zu breit und gestaltet das Negativ schließlich unbrauchbar.

Sollte das Negativ entweder durch die Abschwächung oder an sich schon etwas zu geringe Deckung haben, so läßt sich dieselbe durch Verwendung eines Verstärkers wieder gewinnen. Hierzu eignet sich der Chlorquecksilberverstärker recht gut. Ausgiebiger ist der Jodquecksilberverstärker.

Chlorquecksilberverstärker:

    Wasser ....1000 ccm
    Chlorquecksilber (Sublimat) ...20 g
    Salzsäure...................einige Tropfen

Das sehr gut gewaschene Negativ (mindestens 10 Minuten) verbleibt in der obigen Lösung so lange, bis die Schicht auch von der Rückseite besehen vollkommen grauweiß geworden ist, worauf wieder sehr gut gewässert (10 Minuten) und schließlich mit einer Ammoniaklösung (1:5) geschwärzt wird. Nach ganz kurzer Wässerung kann bereits zum Trocknen aufgestellt werden.

Der Jodquecksilberverstärker wird folgendermaßen hergestellt: Zu einer konzentrierten Chlorquecksilberlösung tropft man so lange konzentrierte Jodkaliumlösung hinzu bis der anfangs entstehende rote Niederschlag wieder in Lösung geht. Hierauf verdünnt man auf das doppelte bis dreifache. Dieses Gemisch ist nicht sehr lange haltbar. Die Negative, welche für diesen Verstärker nicht sehr gründlich gewaschen sein müssen, läßt man nun so lange in diesem Verstärker, bis sie eine graugelbe Färbung angenommen haben. Wässert man hierauf etwa 5—10 Minuten, so geht die ursprünglich graugelbe Färbung bald in eine intensiv gelbe Färbung über und erscheint dabei ungemein stark gedeckt. Eine Schwärzung mit Schwefelnatrium ist nicht zu empfehlen. Die so verstärkten Negative sind wegen der gelben Farbe nicht sehr ansehnlich, doch deckt diese Farbe beim Kopieren sehr gut.

Negative auf Filmen hängt man zum Trocknen mit Klammern auf einer horizontal gespannten Schnur auf. Manche Sorten neigen stark zum Einrollen; man kann dies verhindern, indem man sie nach dem Wässern in ein Bad, bestehend aus 1000 ccm Wasser und 30 ccm Glyzerin legt und nach etwa 3 Minuten zum Trocknen aufhängt.

Die Verarbeitung orthochromatischer Trockenplatten oder Filme ist dieselbe wie im Vorstehenden beschrieben. Lediglich die Beleuchtung der Dunkelkammer hat sich der Plattensorte anzupassen. (Siehe Dunkelkammerbeleuchtung.)

Abziehen und Zusammenstellen von Kollodiumnegativen

Sollen Kollodiumnegative abgezogen werden, sei es um sie umzukehren, also seitenverkehrt zu gestalten, oder um sie mit anderen zusammenzustellen, so muß auf alle Fälle die eigentliche Schicht dicker gemacht werden, was am zweckmäßigsten durch Übergießen mit einer dicken Kautschuklösung und Lederkollodium geschieht. Verwendet man hierzu nur 2%iges Lederkollodium, ergeben sich Häutchen, die sehr dünn und unbedingt wieder auf eine Glasplatte zu übertragen sind; bei Verwendung von 4 bis 6%igen Lederkollodium hingegen, ergeben sich dicke Häutchen, die man auch als solche verarbeiten kann. Namentlich beim Kopieren auf lithographischen Stein erweisen sich die etwas dickeren Häutchen sehr brauchbar, da man sie mit Öl oder Petroleum auf die lichtempfindlich gemachte Steinplatte aufquetschen kann und auf diese Art den Schwierigkeiten, die sich bei Verwendung von Glasnegativen (Hohlkopierung) ergeben, ausweicht.

Die oben erwähnte Kautschuklösung bereitet man sich durch Auflösen von käuflichem Paragummi in Benzin, so daß sich eine ölartige Konsistenz ergibt. Die auf ein Negativ aufgegossene Kautschuklösung darf, wenn sie trocken ist, keinesfalls das nachträglich aufzugießende Lederkollodium durchwirken lassen, sie braucht aber auch nicht besonders dicker sein. Man macht eben vorher auf einem alten unbrauchbaren Negativ einen Versuch. Die Kautschuklösung muß für die Verwendung sehr rein sein, was man am besten durch absitzen lassen in einer hohen Flasche und abgießen des rein und klar gewordenen Teiles erreicht. Man kann das Trocknen der mit Kautschuk übergossenen Negative durch leichtes Anwärmen beschleunigen, darf aber dann keineswegs auf die noch warme Platte das Kollodium aufgießen. Will man sehr dünne Häutchen machen, so übergießt man die kautschukierten Negative mit 2%igem Lederkollodium und läßt den Überschuß in eine gesonderte Flasche abfließen, wobei man das Negativ hin und her bewegt. Wenn nun die Kollodiumschicht trocken geworden ist, schneidet man mit einem scharfen Messer um das eigentliche Bild herum die Schicht durch und legt für einige Minuten das Negativ in reines Wasser. Hierauf nimmt man dasselbe wieder aus dem Wasser und quetscht mit einem Kautschuklineal ein Blatt sehr gut durchfeuchtetes festes Papier darauf. Schließlich zieht man das Papier an einer Ecke wieder in die Höhe und hebt eine Ecke des Negativhäutchens mit einem Messer an das Papier. Indem man nun mit Daumen und Zeigefinger Papier und das Häutchen anfaßt, kann man beides zusammen vom Glas abtrennen. Legt man jetzt das Papier mit dem Negativ auf eine mit Gummilösung übergossene Platte, so würde das Negativ eben nur übertragen sein, ohne daß es seitenverkehrt geworden ist. Soll es aber seitenverkehrt sein, so muß man vorher das eben abgezogene Negativ an ein zweites Blatt durchfeuchtetes Papier legen, fest anquetschen und schließlich das erste Papier abheben. Man hat nun das Negativhäutchen auf dem zweiten Papier und wenn man nun dieses auf eine mit Gummilösung befeuchtete Glasplatte anpreßt, steht es eben seitenverkehrt und ist zum Kopieren direkt auf Stein geeignet. Will man auf diese Art und Weise Zusammenstellungen machen, so muß hiefür eine Einteilung, die auf Papier gezeichnet ist, unter die Glasplatte, auf welche die abgezogenen Häutchen aufgequetscht werden, gelegt werden. Man wird hiebei nach leichtem Anquetschen der einzelnen Negative das Papier von den einzelnen Negativen wegheben und mit den Fingern diese an ihren richtigen Platz, der sich aus der Einteilung ergibt, schieben. Erst jetzt geht man daran, die Häutchen sehr fest anzupressen, indem man einen schwach durchfeuchteten Bogen festen Papieres über das ganze legt und mit dem Kautschukquetscher von der Mitte aus nach den Seiten hin alle überschüssige Gummilösung herausquetscht. Hebt man dann vorsichtig den Papierbogen ab, so hat man eine Zusammenstellung seitenverkehrter Negative.

Rasteraufnahmen

Wesentlich schwieriger wie Strichaufnahmen sind die nun zu beschreibenden Rasteraufnahmen. Eine Halbtonvorlage läßt sich bekanntlich in Stein- und Offsetdruck nur dann wiedergeben, wenn die Halbtöne derselben in Druckelemente aufgelöst werden, wozu eben der Raster dient, der während der photographischen Aufnahme vor die Platte gestellt wird. Hiezu werden heute ausschließlich die Kreuzlinienraster benutzt. Während der Feinheitsgrad des Rasters, d. i. die Linienzahl pro Quadratzentimeter im Buchdruck eine wesentliche Rolle spielt, ist derselbe beim Offsetdruck weniger belangreich. Man kann ohneweiters im Offsetdruck Raster bis zu 60 und 70 Linien gebrauchen, ohne ein Zugehen der dunklen Partien befürchten zu müssen. Ja man kann sagen, daß für die Wiedergabe der Details der feinlinige Raster vorzuziehen ist, trotz des meist verwendeten rauhen Papieres. Wohl am geeignetsten erscheint der auch am häufigsten verwendete 54-Linien-Raster. Auch für den Farbendruck erweist sich derselbe als genügend detailgebend und ist in seiner Struktur auf den Drucken kaum sichtbar. Die heutigen Raster haben stets ein Linienverhältnis 1 : 1, d. h. Linien und Zwischenräume sind von gleicher Breite.

In den Rastern von rechteckiger Form ist die Liniatur stets in einem Winkel von 45 Grad zu den Seitenkanten gestellt, was sich für einfarbige Arbeiten auch am vorteilhaftesten erweist. Für die Zwecke des Farbendruckes ist der Raster am bequemsten in kreisrunder Form zu verwenden, da sich dieser dann leicht in der dazu empfehlenswerten Drehvorrichtung in die jeweils gewünschte Stellung bringen läßt.

Moderne Raster haben stets einen Metallrand der einen guten Schutz für die Verkittung vorstellt und diese vor den atmospärischen und anderen Einflüssen bewahrt.

Kreisrunde Raster ermöglichen die folgenden rechteckigen Bildformate:

Durchmesser des Rasters in cm	30	40	50	60	70	80	80
Format in cm...	18:24	25:31	30:40	36:47	44:54	51:61	65:75

Die Funktion des Rasters muß vom Photographen richtig und bestens beherrscht werden. Nur zu häufig kann man beobachten, daß der Photograph sein Hauptaugenmerk auf das Zustandekommen schöner Punkte richtet, hingegen die Wiedergabe der Zeichnung völlig vernachlässigt. Es mag immerhin zugegeben sein, daß die Herstellung einer Rasteraufnahme, zu welcher vielerlei Faktoren zueinander abzuwägen sind, eigentlich recht schwierig ist. Man hat sich vor der Aufnahme im klaren zu sein, in welcher Entfernung man den Raster vor der photographischen Platte benutzt. Die richtige Entfernung ist jedoch wesentlich abhängig von der Größe der Blende. Benutzt man eine große Blende, so hat man mit kürzerem Rasterabstand zu rechnen und umgekehrt bei der kleineren Blende mit größerem Rastrabstand. Maßgebend dafür ist, daß sich die photographische Platte in der sogenannten Koinzidenzebene befindet. Diese Ebene ist jene, in der sich die Lichtbüschel der benachbarten Rasteröffnungen gerade treffen (bei einer bestimmten Blende); in ihr entsteht dann bei der Aufnahme in den höchsten Lichtern der sogenannte „Schluß", d. h. es werden in diesen Stellen die Rasterpunkte gerade zusammenfließen, was allerdings wesentlich auch von der Dauer der Belichtung abhängt, da bei längerer Belichtungszeit die Licht-

wirkung auch etwas nach der Seite fortschreitet, wodurch etwas größere
Rasterpunkte entstehen. Will man ein stärkeres Zusammenfließen der
Punkte herbeiführen, so läßt sich dies entweder durch Verwendung
eines größeren Rasterabstandes oder einer größeren Blende bewerkstelligen
Dies kommt dann einer kontrastreicheren Wiedergabe der Vorlage gleich.
Verwendung kleinerer Rasterabstände oder kleiner Blenden gibt flachere,
also weniger kontrastreiche Wiedergabe. In allen diesen Fällen wird es
aber kaum gelingen, Rasternegative zu erhalten, deren Schattenpunkte
vollkommene Deckung haben. Man muß hier eben zu dem bekannten
Mittel greifen und die sogenannte ,,Vorexposition" anwenden. Sie besteht
darin, daß man bei gleichbleibendem Rasterabstand einige Zeit auf weißes
Papier exponiert, aber unter Verwendung einer kleinen Blende. Wenn
man nun mit einer solchen auf weißes Papier exponiert, so erhält man
kleine Punkte, über welches ich bei der späteren Exposition auf das Bild
die größeren Punkte aufbauen können. Würde die Blende für die Vorexposition aber zu groß gewählt worden sein, so würden die Schattenpunkte eben zu groß werden, was gleich bedeutend wäre mit einem
Mangel an Zeichnung in den Schattenpartien. Für den weniger Geübten
ist es natürlich wichtig zu wissen, wie groß die Blenden für die einzelnen
Expositionen sein sollen. Die Erfahrung ergibt, daß die Blende für die
Bildexposition nicht über f : 30 hinausgehen soll, da man für größere
nicht mehr den hiezu notwendigen kleinen Rasterabstand erreichen kann.
Allerdings wird man bald finden, daß man für Verkleinerungen besser
mit einer noch kleineren Blende arbeitet und bei sehr starken Verkleinerungen sogar bis zu f : 50 gehen kann. Bezüglich der Blende für die Vorexposition ist zu erwähnen, daß dieselbe keinesfalls größer sein darf wie
die Hälfte des Durchmessers der Blende für die Bildexposition; besser
ist es, wenn dieselbe etwa nur ein Viertel des Durchmessers der Bildblende
groß ist, was zwar eine längere Belichtungszeit erforderlich macht, jedoch
eher die Gewähr gibt, daß die Zeichnung nicht verdorben wird.

Hinsichtlich der Form der Blenden muß gesagt werden, daß andere
als runde oder quadratische Formen keinerlei Sinn haben, es sei denn, daß
aus irgendeinem Grunde etwa schlitzförmige Blenden gebraucht werden.
Für die Vorexposition ist nur die Rundblende zu wählen, für die Bildexposition hingegen bewähren sich neben runden auch Blenden von
quadratischer Form. Die letzteren verbürgen leichter das Zustandekommen
des sogenannten Schlusses und sind namentlich für die Herstellung der
Blauplatte beim Farbendruck von Vorteil. Quadratische Blenden müssen
aber stets so gestellt sein, daß die Diagonale des Quadrates parallel mit
der Liniatur des Rasters läuft.

Bei der praktischen Arbeit hat man nun folgende Gesichtspunkte zu
berücksichtigen:

Bei einer Verkleinerung der Vorlage auf z. B. die Hälfte der Größe
des Originals wird man sich etwa eine quadratische Blende von 15 mm
Diagonale beschaffen. Den hiezu nötigen Rasterabstand findet man entweder dadurch, daß man auf der Visierscheibe die Punkte beobachtet
während man den Raster an dieselbe heranschiebt oder weiter wegrückt.

Hierbei verhängt man die Vorlage mit einem Bogen weißen Papieres oder beobachtet auf der Visierscheibe die weißesten Stellen des Originals. Je mehr man den Raster an die Visierscheibe heranschiebt, desto mehr prägt sich das Rasternetz aus, d. h. jedes einzelne Fensterchen im Raster ist erkennbar, ohne daß es sich mit den benachbarten berührt. Wenn man nun den Raster weiter wegschiebt, kann man ein Größerwerden der hellen Punkte beobachten, dieselben nehmen immer mehr die Form der Blende an und beginnen schließlich sich gegenseitig zu berühren. In dem Falle, als die Berührung der hellen Punkte eben beginnt, lese man auf der Skala den Rasterabstand ab und behalte dann diesen bei der Durchführung der Aufnahme bei. Die Beobachtung auf der Visierscheibe ist nicht leicht, und überhaupt nur dann gut möglich, wenn diese kein zu grobes Korn hat. Bei einiger Übung in der Herstellung von Rasternegativen wird man dieser Methode entraten, und durch bloße Schätzung unter Berücksichtigung des Verkleinerungsgrades den Rasterabstand bestimmen können. Hat man nun unter den gestellten Bedingungen eine Aufnahme' durchgeführt, so untersuche man dieselbe mit einer mindestens sechsfach vergrößernden Lupe. Findet man, daß in den höchsten Lichtern eben das Zusammenfließen der Punkte zu beobachten ist, so dürfte der Rasterabstand richtig gewählt worden sein. Die Schattenpunkte werden in solch einer Aufnahme keine gute Deckung aufweisen. Diese bekommen ihre Deckung erst durch die sogenannte Vorexposition, welche am besten vor der Bildexposition, auf einen vor das Original gehängten Bogen weißen Papieres zu machen ist. Auch bei Vorlagen, die keine tiefen Schattenpartien aufweisen, wird die Vorexposition notwendig sein, da durch sie jeder Punkt erst seinen richtigen Kern erhält und das Abschwächen viel besser aushält. Namentlich bei Verwendung von **photomechanischen Trockenplatten** ist die Vorexposition unerläßlich, doch soll sie bei diesem Plattenmaterial mit einer **sehr kleinen runden Blende** durchgeführt werden. Es hat sich auf Grund eingehender Versuche gezeigt, daß für Trockenplatten die Blende bis zu f : 150 für diesen Zweck am besten entspricht.

Viele Photographen verwenden neben den hier erwähnten zwei Blenden noch eine dritte, mit der sie kurze Zeit auf das Original belichten. Da diese dritte Blende größer ist wie die schon angeführte Blende für die Bildexposition, ergibt sich ein stärkerer Schluß der Lichtpunkte, eine Maßnahme, die aber durch die richtig gewählte Bildexpositionsblende in Verbindung mit dem richtigen Rasterabstand überflüssig und den ganzen Prozeß erschwerend ist.

Von besonderer Bedeutung ist es, das Rasternegativ, bevor man noch irgend etwas daran macht, hinsichtlich seiner Richtigkeit in bezug auf die Wiedergabe aller Details der Vorlage zu kontrollieren; dies wird von vielen Photographen vernachlässigt — sie setzen ihre Hoffnung dann gerne in die das Bild kontrastreicher gestaltende Abschwächung. Man gewöhne sich daran, das Negativ mit der Vorlage zu vergleichen und beim Vorhandensein sehr tiefer Schattenpartien nur kleine, jedoch gut gedeckte Punkte in den korrespondierenden Stellen gelten zu lassen.

Sind diese Punkte zu groß (welche Beurteilung allerdings nur durch Übung zu erreichen ist), so hat man bestimmt mit einer mangelhaften Detailwiedergabe zu rechnen. Für solch einen Fall ist es besser, ein neues Negativ anzufertigen, bei welchem aber die Vorexposition vermindert werden muß. Sollte in einem in bezug auf die Wiedergabe der Zeichnung sonst gut erscheinenden Negativ der „Schluß" zu wenig ausgeprägt sein, dann kann entweder der Rasterabstand oder auch die Blende zu klein gewählt worden sein. Bei geringfügigem Mangel an Schluß kann Verlängerung der Exposition denselben nicht unwesentlich verbessern, denn das Licht wird innerhalb der Schicht auch nach der Seite hin gelenkt und verursacht dann eben mehr Schluß. Vergrößerung des Rasterabstandes oder der Blende wirkt allerdings ausgiebiger.

Man hat für die Ausfindigmachung des richtigen Rasterabstandes und der für diesen jeweils passenden Blende schon eigene Tabellen und sogar Instrumente vorgeschlagen. Sie sind meistens englischer oder amerikanischer Herkunft, vermochten sich aber wenigstens bei uns am Kontinent nicht recht Eingang zu verschaffen. Auch läßt sich auf rechnerischem Wege der jeweilige Rasterabstand bzw. Blende auffinden, doch müssen die gefundenen Zahlen eine Korrektur erfahren, da einerseits die Dicke der Glasplatten der Raster nicht immer dieselbe ist und anderseits der Aufbau der Rasterpunkte auch von der Dauer der Belichtungszeit beeinflußt wird und die photographische Schicht nicht stets absolut konstante Eigenschaften aufweist.

Für die Berechnung des Rasterabstandes gilt die von Dr. Grebe aufgestellte Formel:

$$R : d - B : a$$

wobei R die Rasterdimension, d. i. die Summe aus der Breite einer gedeckten Linie und eines durchsichtigen Zwischenraumes ist; d bedeutet den gesuchten Rasterabstand, B den Durchmesser der Blende und a den Kameraauszug.

Der Rasterabstand ist demnach durch folgende Gleichung zu finden:

$$d - \frac{R \cdot a}{B}$$

Die Errechnung des Rasterabstandes hat aber nur dann für den Photographen einen Wert, wenn er die Dicke der Glasscheibe sowie die Dicke der Plättchen, welche den Raster, aber auch die photographische Platte halten, genau kennt, da das Resultat der Rechnung unter Rasterabstand die Entfernung der Ebene der Linatur des Rasters von der photographischen Schicht ergibt, was nicht identisch ist mit den auf der Skala des Apparates ablesbaren Entfernungen.

Rasternegative mit Kollodiumemulsion

Die Kollodiumemulsion ist heute wohl das geeignetste Präparat zur Herstellung von guten Rasternegativen. Das Arbeiten mit derselben ist zwar bei weitem umständlicher wie mit der Trockenplatte, der besonders jetzt das Wort geredet wird. Sie hat aber derzeit noch immer die bessere Qualität der Rasterpunkte voraus und man nimmt heute noch immer die Umständlichkeit des Verfahrens in Kauf. Schließlich sind die Gestehungskosten eines mit Kollodiumemulsion hergestellten Rasternegativs geringer wie bei Verwendung von Trockenplatten.

Kollodiumemulsion kommt seitens verschiedener Fabriken in den Handel und ist als solche jahrelang haltbar. Ihre Empfindlichkeit ist, wenn sie nicht mit einem Farbstoff sensibilisiert wurde, eine recht mäßige; mit den entsprechenden Farbensensibilisatoren vermischt, steigt die Empfindlichkeit gegen bestimmte spektrale Bezirke, ist dann eine ganz hervorragende, die sie nicht allein für die Wiedergabe von einfarbigen, sondern auch farbigen Originalen sowohl für den Ein- als auch Mehrfarbendruck außerordentlich wertvoll macht.

Der Kollodiumemulsion sind seitens der Erzeuger verschiedene Farbstoffe beigegeben, aus deren Bezeichnung bereits der Verwendungszweck hervorgeht.

Farbstoff A oder auch Auto ist für Rasteraufnahmen nach ein- oder mehrfarbigen Originalen bestimmt. Die damit gefärbte Emulsion ist nur einen bis zwei Tage haltbar (macht gegen gelb und grün empfindlich).

Farbstoff B ist für die Herstellung der Blauplatte für den Mehrfarbendruck bestimmt (macht gegen Orange empfindlich). Gefärbte Emulsion ist haltbar.

Farbstoff S ist für die Schwarzplatte für den Mehrfarbendruck bestimmt, macht gegen Orange und Grün empfindlich, gibt haltbare Emulsion.

Außer den genannten Farbstoffen erzeugen die Fabriken auch noch andere, z. B. R (für die Rotplatte), G (für die Gelbplatte), H (für Halbtonaufnahmen), D (für Diapositive). Die meisten Photographen verwenden aber nur die angeführten Farbstoffe A, B und eventuell S. Zur Beleuchtung der Dunkelkammer verwende man beim Arbeiten mit Farbstoff A, R oder G rotes, bei Verwendung der Farbstoffe B oder S hingegen grünes Dunkelkammerlicht. Vorschriften siehe S. 58.

Zur Herstellung von Rasternegativen mit Kollodiumemulsion sind zunächst gut gesäuerte Glasplatten und eine sehr saubere Vorpräparation notwendig. Die Säuerung der Platten erfolgt nach derselben Art, wie dies beim nassen Kollodiumverfahren bereits beschrieben wurde. Bezüglich der Vorpräparation ist die ebenfalls beim nassen Kollodiumverfahren beschriebene Methode mit Gelatinelösung die empfehlenswerteste. An ihrer Stelle kann aber auch eine alkoholisch gelöste Gelatine verwendet werden, wie sie als „Gelacoll“ oder „Azetol“ oder auch als „Brillantunterguß“ auf den Markt kommen. Zur Verwendung dieser letzteren müssen die Glasplatten allerdings zunächst trocken geputzt werden, um dann mit sehr sorgfältig filtrierter Lösung übergossen zu werden. Die vorpräparierten Glasplatten können lange aufbewahrt werden und sind vor Gebrauch mit einem weichen Pinsel abzustauben.

Vorbereitung der Kollodiumemulsion

Die Kollodiumemulsion muß stets in Verbindung mit den betreffenden Sensibilisatoren verwendet werden. Ohne diesen hat sie nur eine geringe Empfindlichkeit, und zwar nur gegenüber blauen und violetten Lichtstrahlen, gibt überdies auch keinen gutbeschaffenen Rasterpunkt.

Zur Anfärbung mit den verschiedenen Sensibilisatoren muß vorher die Kollodiumemulsion sehr tüchtig geschüttelt werden, da bei längerem Stehen immer etwas Bromsilber sich am Boden der Flasche festsetzt. Man hat also nach dem Schütteln nachzusehen, ob tatsächlich alles Bromsilber vom Boden der Flasche verschwunden ist. Erst dann fülle man ein entsprechendes Quantum in ein kleineres Fläschchen ab und setze diesem den vorher sorgfältig durch Papier filtrierten Farbstoff. Von den Fabriken ist die Konzentration der Farbstofflösungen so gehalten, daß auf 10 Teile Emulsion 1 Teil Farbstoff zu nehmen ist. Das fertige Gemisch ist schließlich sehr tüchtig zu schütteln und erst nach einer Weile, wenn also alle Luftblasen darin verschwunden sind, kann man an die Präparation der Platten schreiten. Erwähnt mag noch sein, daß alle Gefäße, die mit der Emulsion bzw. und den Farbstoffen in Berührung kommen, außerordentlich sauber und entweder in vollkommen trockenem Zustand oder mit Alkohol ausgespült sein müssen, da sich die Emulsion und auch die Farbstoffe mit Wasser nicht vertragen.

Während die mit Farbstoff A (Auto) gefärbte Emulsion nur einen bis drei Tage haltbar ist, namentlich im Sommer leicht zu Schleierbildung neigt und in dieser Jahreszeit vorteilhaft in Eis gekühlt zu halten ist, kann die mit Farbstoff B gefärbte Emulsion durch mehr wie acht Tage aufbewahrt werden, ohne daß sie in Eis zu kühlen ist. Bei dieser Emulsion empfiehlt es sich sogar, die Anfärbung nicht erst vor der Verarbeitung vorzunehmen, sondern schon einen Tag früher.

Wird gefärbte Emulsion einige Stunden ruhig stehen gelassen, so muß auch diese vor der Verwendung neuerdings geschüttelt werden, da sich das Bromsilber zu Boden setzt.

Hinsichtlich des Dunkelkammerlichtes beachte man folgendes:

Emulsion mit Farbstoff A	. . . .	rotes Dunkelkammerlicht
,,	,,	,,	R	,, ,,
,,	,,	,,	B	grünes Dunkelkammerlicht
,,	,,	,,	S	,, ,,
,,	,,	,,	G	,, ,,

Vor der Präparation der Platte muß natürlich die Vorlage am Apparat richtig eingestellt, der Raster bereits eingesetzt und die Blenden die man verwenden wird, schon bestimmt sein. Die Präparation ist Übungssache. Man hat sich zu bemühen, einen tunlichst gleichmäßigen Guß hervorzubringen und sobald die Emulsion auf der Platte erstarrt, ist diese sofort in die Kassette zu geben. Hat man jedoch mit Emulsion, die mit Farbstoff B oder S angefärbt war, präpariert, so muß die Platte, sobald die Schicht erstarrt ist, mit Wasser so lange abgespült werden, bis diese vollkommen glatt und ohne Streifenbildung abläuft. In die

Kassette gibt man zweckmäßigerweise einen Streifen Filtrierpapier, um das noch von der Schicht ablaufende Wasser aufzusaugen.

Die Exposition führe man so rasch durch als möglich. Am zweckmäßigsten zuerst die Vorexposition, dann hierauf Blendenwechsel und die Bildexposition.

Der Raster hat natürlich vor der Exposition an die Platte angestellt zu werden und falls es im Arbeitsraum recht kalt ist, wird es sich empfehlen, denselben vorher in der Nähe des Ofens leicht zu wärmen. Auf diese Art verhindert man das lästige Anlaufen des Rasters, namentlich bei Verarbeitung von Emulsionen, die vor der Exposition mit Wasser abzuspülen sind.

Die Entwicklung

Die belichtete Platte kommt nun sofort in die Dunkelkammer zurück und wird mit dem nachstehenden Entwickler entwickelt. War die Emulsion mit Farbstoff A angefärbt, so ist es notwendig, zuerst mit Wasser die Platte abzuspülen, bis dasselbe ganz glatt von der Platte abläuft. Man entwickle aber nicht sofort, sondern lasse das Wasser sehr gründlich antropfen.

Entwickler

Lösung A: Kaliumkarbonat 400 g   Lösung B: Ammoniumbromid 25 g
       Natriumsulfit .. 400 g   Wasser ..... 100 ccm
       Wasser ....1000 ccm

Lösung C: Hydrochinon... 25 g
       Alkohol, 96%.. 100 ccm

Man mische von Lösung A .... 500 ccm
           Lösung B .... 35 ccm
           Lösung C .... 25 ccm

Die Mischung ist in gut verschlossenen Flaschen durch Wochen hindurch haltbar. Zur Entwicklung verdünne man nur jenes Quantum, das man eben für eine Platte benötigt, da im verdünnten Zustand der Entwickler nicht sehr haltbar ist. Die Verdünnung erfolgt im Verhältnis: 15 Teile Entwickler und 100 Teile Wasser. Für eine Platte in der Größe 30 : 40 benötigt man ein Quantum von 300 bis 400 ccm verdünntem Entwickler.

Zur Entwicklung selbst ist zu bemerken, daß man den Entwickler in einem Zuge über die Platte gießen muß, um die Bildung von Streifen und Flecken zu vermeiden. Man schwenke dann die Platte hin und her und gieße des öfteren frischen Entwickler nach. Die Entwicklungszeit bemesse man mit etwa 2 Minuten, vorausgesetzt, daß der Entwickler eine Temperatur von mindestens 18⁰ C hat. Kalter Entwickler gibt wenig Deckung, während sehr warmer Entwickler leicht Schleierbildung verursacht.

Man gewöhne sich daran, die Entwicklung nach der Zeit durchzuführen. Durch kräftiges Abspülen mit Wasser unterbricht man die Entwicklung und fixiert nun in einer Schale mit Fixiernatronlösung 1:5.

Das fixierte Negativ hat man nun nach den in den vorangegangenen Zeilen Gesagten mit der Lupe zu revidieren und mit der Vorlage genau zu vergleichen. Zeigt es sich, daß die Zeichnung richtig wiedergegeben ist und die Rasterpunkte sowohl in den Lichtern und in den Schatten die verlangte Beschaffenheit haben, so kann man darangehen, die Aufnahme fertigzumachen, was in der Abschwächung und darauffolgender Verstärkung besteht.

Die Abschwächung

Diese hat den Zweck, den Zwischenraum zwischen den Punkten vollkommen klar und die einzelnen Rasterpunkte scharf zu gestalten. Ferner aber noch die Schattenpunkte kleiner zu machen, als sie durch die Exposition geraten sind. Es erfordert daher das Abschwächen große Aufmerksamkeit und ein fortwährendes Vergleichen mit der Vorlage sowie Revision mit der Lupe. Sind die Schattenpunkte noch zu groß, so kann man eben im Vergleich mit der Vorlage konstatieren, daß das Bild zu grau wirkt. Anderseits aber wird eine zu weit getriebene Abschwächung die Schattenpunkte zu klein gestalten und daher die Schattenpartien zu schwer erscheinen lassen, oder, es fehlen überhaupt bereits die Schattenpunkte, was auf jeden Fall unzulässig wäre. Hier das richtige Maß zu treffen, ist eben Sache der Erfahrung. Es muß jedenfalls immer der Verwendungszweck des Negativs vor Augen gehalten werden. Denn Negative, welche für direkte Kopierung auf Stein oder Zink gehören, dürfen keineswegs zu kleine Schattenpunkte aufweisen.

Während beim Abschwächen die Schattenpunkte relativ rascher angegriffen werden wie die Lichter, muß diesen auch ein Augenmerk zugewendet werden. Denn auch dort macht sich die Abschwächung bemerkbar und es darf keineswegs der „Schluß" verloren gehen. Hier kommt es eben darauf an, für welche Zwecke das Negativ gehört. Sollte von diesem direkt auf Stein oder Maschinenplatte kopiert werden, so ist in den meisten Fällen kräftiger Schluß nötig. Sollte jedoch auf glattes Zink, etwa für späteren direkten Umdruck kopiert werden, oder sollen Positive für Phototonätzung kopiert werden, so müssen die Negative weniger effektvoll sein, d. h. sie brauchen nicht so viel „Schluß".

Das Abschwächen selbst ist am besten mit dem FARMERschen Abschwächer vorzunehmen, wozu man zwei Lösungen der nachfolgenden Zusammensetzung benötigt:

Lös. A. Blutlaugensalz .. 5 g   Lös. B. Fixiernatron..... 20 g
      Wasser .... 100 ccm   Wasser .... 100 ccm

Zum Gebrauch mischt man einen Teil der Lösung A mit zwei Teilen der Lösung B und verdünnt mit Wasser auf das vier- bis achtfache.

Indem man tunlichst gleichmäßig den Abschwächer auf das Negativ aufgießt und dieses in schaukelnder Bewegung erhält, kann man nach einiger Zeit bereits die Wirkung beobachten: die Schattenpartien des Bildes werden kräftiger und nehmen an Tiefe zu. Indem man durch Abspülen mit Wasser unterbricht, kann man sowohl nun mit der Lupe nachsehen bzw. mit der Vorlage vergleichen. Ist endlich der gewünschte Effekt erreicht, so kann man nach gründlichem Wässern das Negativ verstärken, wozu sich am besten der nachstehende Bleiverstärker eignet.

> Bleinitrat .... 50 g
> Rotes Blutlaugensalz 50 g
> Wasser .... 1000 ccm

Man gießt den Verstärker auf die Platte bis das Bild gleichmäßig gelb gefärbt erscheint (auch von der Rückseite besehen) worauf man unter fließendem Wasser so lange wäscht, bis die Färbung rein weiß geworden ist. Hierauf übergießt man das Negativ mit Salzsäure (verdünnt 1:50) wässert wieder gründlich und schwärzt endlich mit Schwefelammonium (verdünnt 1:4) oder Schwefelnatrium (1:20).

Nach abermaligem gründlichen Wässern ist dann das Negativ zum Trocknen zu stellen oder vorher zum Schutze gegen verkratzen mit verdünnter Gummiarabicumlösung (1:15) oder mit Gelatinelösung (30:1000) zweimal zu übergießen.

An Stelle der Methode: Abschwächung mit Blutlaugensalz-Fixiernatron kann mit Erfolg auch die Verstärkung mit Kupfersilber und darauffolgender Jodierung und Abschwächung mit Zynkaliumlösung gehandhabt werden (S. 34). Diese Art der Behandlung der Rasternegative ist dann empfehlenswert, wenn die Bleiverstärkung etwa zu viel „Schluß" ergeben würde.

Rasternegative auf Trockenplatten

Während am Kontinent zur Herstellung von Rasternegativen noch immer die Kollodiumemulsion dominiert wird sowohl in England als auch in Amerika sehr häufig die photomechanische Trockenplatte zur Rasternegativen herangezogen. Es ist zweifellos feststehend, daß die Trockenplatte nicht den scharfen Rasterpunkt gibt, wie man es bei den Emulsionsnegativen zu sehen gewohnt ist. Namentlich wird der um die einzelnen Punkte befindliche Hof, der von geringerer Deckung ist wie die Mitte des Punktes, störend empfunden. Man muß aber sagen, daß sich auf Trockenplatten doch auch sehr schöne Rasterpunkte erzielen lassen, wenn man den ganzen Belichtungsprozeß darnach einrichtet. Sie geben dann in Verbindung mit richtig durchgeführter Abschwächung und Verstärkung Rasterpunkte, die denen auf Emulsionsplatten gar nicht viel nachstehen. Erwähnen muß man aber, daß in diesen Negativen die Zeichnung sehr reich enthalten und eine Gleichmäßigkeit zu konstatieren ist, wie sie bei Emulsion nur ein sehr geschickter Operateur zustande bringt. Schließlich ist aber auch noch die gute Farbenempfindlichkeit der Trockenplatte zu erwähnen, die in Verbindung mit den richtigen Filter ganz hervorragende Farbenauslösung gewährleistet.

Trockenplatten für Rasteraufnahmen kommen in sehr guter Qualität seitens deutscher und auch holländischer sowie englischer Fabriken
auf den Markt.

Bezüglich der Belichtung hinter dem Raster muß man zwecks Erzielung guter Rasterpunkte vor allem die Blende für die Vorexposition
besonders klein wählen. Umfangreiche Versuche haben ergeben, daß man
mit der Größe der Vorexpositionsblende am vorteilhaftesten F: 70
bis F: 150 gehen kann und diese Vorexposition soweit ausdehnen muß,
daß durch sie allein bereits ein kleiner aber sehr gut gedeckter Punkt
entstehen kann. Man erhält dann tatsächlich sehr kleine, jedoch gut
gedeckte Punkte mit einem festen Kern, der kein Licht mehr durchfallen
läßt, also bereits kopierfähig ist. Die Bildexposition führt man dann
mit einer Blende quadratischer oder runder Form, etwa F: 40 aus. Zu
dieser Blende muß aber der Rasterabstand insoferne stimmen, als dann
bei einer Belichtungszeit, die lang genug war um das Bild in allen seinen
Details gut wiederzugeben, eben reichlicher Schluß entstehen konnte.
Die Blende kann schließlich auch größer sein, jedoch muß dann der
Rasterabstand kleiner gewählt werden. Man kann im übrigen den
Rasterabstand vor jeder Aufnahme bestimmen, wenn man nach erfolgter
Einstellung des Bildes auf die verlangte Größe, die Bildexpositionsblende in das Objektiv gibt und nun auf der Visierscheibe mit einer
Lupe die Punkte in den höchsten Lichtern des Bildes beobachtet, wobei
man aber gleichzeitig den Hebel für den Rasterabstand verschiebt. Man
kann dann wahrnehmen, daß sich schließlich bei einer bestimmten Rasterstellung die Punkte in den hellsten Lichtern berühren, was den richtigen
Rasterabstand vorstellt. Man liest nun auf der Skala die Entfernung
des Rasters ab und verwendet die gefundene Stellung bei der Aufnahme.
Diese Methode erfordert eine gewisse Übung, da das Korn der Visierscheibe, wenn es sehr grob ist, die Beobachtung wesentlich beeinträchtigt.

Die Exposition selbst führe man stets so lange durch, daß die
Rasterpunkte eine reichliche Deckung haben und in den Lichtern
ein reichlicher Schluß entstehen kann. Man muß stets darauf Rücksicht nehmen, daß bei der Abschwächung der um die Punkte befindliche Saum tunlichst zu entfernen ist, ohne daß die Deckung zu leiden
beginnt.

Bei Bleistiftzeichnungen wird es sich immer empfehlen, lieber eine
größere Bildexpositionsblende zu verwenden und nicht zu lange zu belichten. Dagegen wähle man die Vorexposition reichlich.

Um nicht zu viele schwankende Faktoren berücksichtigen zu müssen,
empfiehlt es sich die Entwicklung stets gleich lang vorzunehmen. Es
hat sich bei Verwendung des S. 36 beschriebenen Hydrochinon-Ätzkalientwicklers gezeigt, daß man, vorausgesetzt normale Temperatur desselben,
nicht länger wie 3 Minuten entwickeln braucht um bei richtiger Exposition sehr gute Deckung und völlige Klarheit zu erhalten. Es ist nicht

ratsam, Fehler in der Belichtungszeit etwa durch längeres oder kürzeres Entwickeln ausgleichen zu wollen.

Die Beurteilung des entwickelten und fixierten Negativs ist schwieriger wie die Beurteilung eines Emulsionsnegativs, da man es nur im durchfallenden Licht begutachten kann. Die richtige Punktgröße kann man, ähnlich wie bei verstärkten Emulsionsnegativen, mit der Lupe verfolgen, indem man das Negativ nicht gegen das volle Licht richtet, sondern mehr in der Aufsicht betrachtet.

Die Abschwächung wird mit dem üblichen Gemisch (S. 37) von roten Blutlaugensalz und Fixiernatron durchgeführt.

Zur Verwendung mische man einen Teil Lösung A mit zwei Teilen Lösung B und verdünne etwa zwei- bis vierfach. Die Abschwächung nehme man in einer Schale vor und unterbreche von Zeit zu Zeit, um mit der Lupe den Wirkungsgrad verfolgen zu können. Die Schattenpunkte dürfen keineswegs den Kern verloren haben, sie sollen aber doch in der Durchsicht betrachtet sehr spitz erscheinen. Man kann ferner beobachten wie sich bei fortgesetzter Abschwächung der Schluß öffnet, d. h. der Saum um die Lichtpunkte herum mehr und mehr verschwindet und der Zwischenraum ganz klar wird.

Nach beendigter Abschwächung hat man nun gründlich in fließendem Wasser zu wässern (etwa 10 Minuten lang) und kann dann entweder mit Quecksilberchloridlösung (konz. gelöst unter Zusatz von einigen Tropfen Salzsäure) ganz durchbleichen und nach 10 Minuten langem Wässern mit Ammoniak (1:4) schwärzen. Besser und mehr Deckung gebend ist der Jodquecksilberverstärker (siehe unten) den man einfach bis zur gleichmäßigen Gelbbraunfärbung einwirken läßt, worauf dann 10 Minuten lang gewässert wird, wobei das Negativ eine hellgelbe Färbung annimmt. Man beläßt es in diesem Zustande, da eine Schwärzung mit Schwefelammonium oder Natrium die Gelatine leicht gelblich färben würde.

Den Jodquecksilberverstärker setzt man folgendermaßen an: Zu einer konzentrierten Quecksilberchloridlösung setzt man soviel einer konzentrierten Jodkaliumlösung zu, bis der anfangs entstehende rote Niederschlag von Quecksilberjodid sich eben wieder löst. Hierauf verdünne man das ganze auf das doppelte mit Wasser.

Der Verstärker gibt den Negativen eine schmutzig-gelbe Färbung, die aber sehr gut deckt. Diese Färbung tritt meist erst richtig während des Wässerns (10 Minuten lang) ein.

Fertig verstärkte Negative soll man immer, ehe man sie zum Trocknen stellt, mit einem feuchten Baumwollbauschen abwischen, um den etwa anhaftenden Schlamm zu entfernen. Es empfiehlt sich ferner, das anhaftende Wasser durch einen gut durchfeuchteten Lappen von Wildleder abzusaugen oder abzuwischen (ähnlich wie man dies bei den Zinkkopien in der Chemiegraphie macht); man verhindert dann die Entstehung von Flecken und die Negative trocknen viel rascher auf. Auch die Rückseite wische man mit einem Lappen gut ab und nehme das Trocknen am besten bei einem Ventilator vor.

Die Herstellung von Rasternegativen großen Formates (Gigantographien). — Hedopraraster

Häufig besteht die Forderung nach Rasternegativen großen Formates wie dies z. B. für Wandbilder oder Plakate u. dgl. vorzukommen pflegt, wobei jedoch die Vorlage vergrößert werden muß.

Hierfür gibt es eine Methode, die namentlich in Verbindung mit einer der Diapositiveätzmethoden recht befriedigende Resultate ergibt. Man fertigt für diesen Zweck zunächst nach der Vorlage ein gewöhnliches Rasternegative an, und zwar in der gleichen Größe. Von diesem Negativ macht man dann in der Kamera ein Diapositiv, das zweckmäßig gleich etwas vergrößert wird. Schließlich wird nach diesem Rasterdiapositiv ein vergrößertes Negativ gemacht, das dann zum Kopieren dient. Diese Methode hat sehr viele Vorteile für sich nur muß sie zielbewußt durchgeführt werden um ihre Vorteile zu äußern, die hauptsächlich darin bestehen, daß zunächst nichts von den Details verloren geht und daß man auf die Gestaltung der Tonskala sehr gut Einfluß nehmen kann. Die Feinheit des Rasters auf der Vergrößerung läßt sich bis zu einem gewissen Grade genau bestimmen, indem man die Feinheit des Rasters für das erste Negativ entsprechend wählt. Kann z. B. das Bild auf der Maschinenplatte den Raster mit 30 Linien zeigen, was für große Bilder immerhin zulässig ist, so muß das erste Rasternegativ (nach der Vorlage) mit einem Raster von 90 Linien pro cm gemacht sein, vorausgesetzt, daß dasselbe dreimal vergrößert wird. Natürlich hat in diesem Rasternegativ das Bild selbst so groß zu sein, daß es bei dreimaliger Vergrößerung auf das gewünschte Format kommt. Ein Beispiel: Eine Photographie 9:12 cm soll in Offset gedruckt das Format von 72:96 cm haben. Das einfachste wäre natürlich, von der Vorlage ein vergrößertes Diapositiv anzufertigen und nach diesem ein Rasternegativ herzustellen, vorausgesetzt, daß ein Raster vorhanden ist, der für das Format 72:96 ausreicht. Nebenbei erwähnt würde eine solche Vergrößerung gar nicht sehr befriedigen, da alle Mängel des Originales stark in Erscheinung treten würden.

Besser fährt man jedoch, wenn man von der Vorlage zunächst mit einem Raster von etwa 100 Linien per Zentimeter ein Negativ macht, in welchem das Bild bereits vergrößert erscheint, also etwa zirka 16 cm hoch. Dieses Rasternegativ vergrößert man nun in der Kamera auf etwa 50 cm Höhe und gewinnt dadurch ein Rasterdiapositiv. Dieses Rasterdiapositiv vergrößert man schließlich wieder, und zwar auf 96 cm Höhe, wodurch man ein Negativ gewinnt, das zum Kopieren verwendet werden kann. Der Raster hat in diesem dann eine Feinheit von 20 Linien per cm.

Die Vorteile dieser Methode bestehen darin, daß durch das Rasternegativ mit dem sehr feinen Raster alle Details sehr gut erfaßt werden. Wird nun dieses Negativ vergrößert, so hat man keinen Detailverlust zu befürchten, ja man kann die Kontraste auf leichte Weise steigern, denn das Diapositiv wird man genau so behandeln. wie ein Rasternegativ:

nämlich mit Abschwächen und Verstärken. Durch die Abschwächung werden aber zunächst die freistehenden Lichtpunkte eine Reduktion ihrer Größe erfahren, ähnlich wie dies sonst beim normalen Rasternegativ an den Schattenpunkten geschieht. Man kann dabei die Reduktion so weit treiben, daß in den höchsten Lichtern die Punkte ganz nadelspitz werden eventuell sogar ausbrechen. Mit anderen Worten, die Abschwächung des Diapositivs erhöht die Kontraste in einer Weise, daß schließlich ein vollkommenes Bild resultiert. Macht man dann in der Folge nach diesem richtiggestellten Rasterdiapositiv ein Negativ, so verbleibt in diesem alles was an Kontraststeigerung durch die Abschwächung erzielt worden ist.

Zur praktischen Ausführung möge folgendes als Richtzchnur dienen: Das erste Rasternegativ mache man mit kräftigen Schluß, lasse jedoch den Schattenpunkt lieber etwas größer, da sonst Schwierigkeiten bei der Vergrößerung im Diapositiv entstehen. Das Diapositiv hingegen, behandle man nicht allzulange mit dem Abschwächer; die Lichtpunkte würden sonst zu klein werden und bei der Herstellung des vergrößerten Negativs verschleiern — es sei denn, daß man auf dieselben keinen Wert legt, d. h. daß sie am Druck selbst gänzlich fehlen können.

Diese Methode ist durchaus nicht neu. Sie wurde schon von dem Engländer SEARS beschrieben, der sie als Methode zur Gewinnung von Hochlichtautotypien vorschlug.

Der Raster wird mit Erfolg auch in der Herstellung von Wertpapieren verwendet, und zwar zu dem Zweck, irgendeine Zeichnung oder Flächenmuster aufzuteilen um auf solche Art die Nachahmung noch mehr zu erschweren als dies ohnehin schon durch die entsprechende Wahl des Musters und namentlich der Druckfarben geschieht.

Hierfür eignet sich besonders der Hedopraraster, dessen Verwendung das Wesentliche des „Hedopraverfahrens" von ORELL FÜSSLI in Zürich vorstellt. Derselbe stellt einen Linienraster von etwa 25 Linien per Zentimeter vor, über welchen aber in einem Winkel von 90 Grad eine zweite sehr feine Liniatur liegt mit etwa 70 Linien per Zentimeter. Bei der Verwendung dieses Rasters vor der lichtempfindlichen Platte kommt vor allem die gröbere Liniatur zur Geltung, während die feinere Liniatur wesentlich dazu beiträgt, daß die im Negativ entstehenden Linien besser der Zeichnung folgen können. Während ein gewöhnlicher Linienraster vor der Platte verwendet den Abstufungen einer mehrtonigen Vorlage nicht recht zu folgen vermag, ergeben sich bei Verwendung des Hedoprarasters weit besser abgestufte Negative, so daß man also auch Vorlagen wiederzugeben imstande ist, welche etwa in 3 oder 4 Tonstufen gemalt sind, was z. B. für Reklamedrucksachen von hübscher Wirkung ist und die sonst üblichen auf Schabpapier gezeichneten Bilder übertrifft.

Für die gewünschte Wirkung ist es wesentlich, in welcher Entfernung der Hedopraraster sich vor der lichtempfindlichen Platte (nasses Verfahren, Emulsion oder Trockenplatte) befindet. Es gelten dabei dieselben Regeln, wie für die Verwendung des Kreuzrasters. Voraussetzung ist lediglich die Verwendung einer Schlitzblende, deren Ausschnitt ebenso orientiert sein muß, wie die gröbere Liniatur des Hedoprarasters. Verwendet man einen großen Rasterabstand, so verbreitern sich die Linien in den hellsten Tönen der Vorlage so weit, daß sie zusammenfließen. Unter-

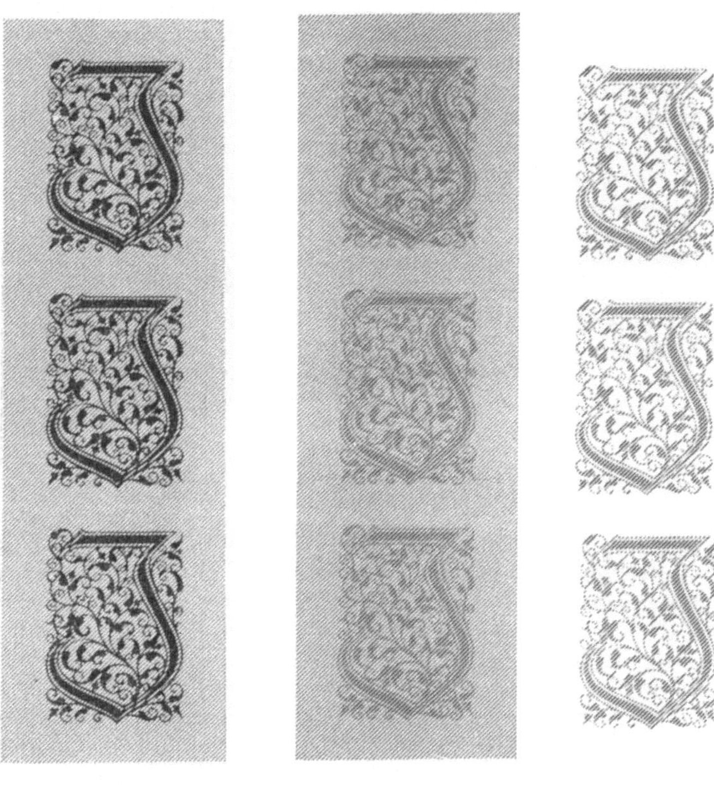

a   b   c

Abb. 14. a Rasterabstand groß, mit Vorexposition; b Rasterabstand klein, ohne Vorexposition; c Rasterabstand klein, mit Vorexposition

läßt man die Vorexposition so erscheinen die dunkelsten Partien natürlich ohne Raster. Die Abb. 14 gibt über die extremen Fälle genügend Aufschluß, während Abb. 15 nach einer mehrtonigen Vorlage hergestellt ist.[1]

Farbendruckaufnahmen

Der photomechanische Farbendruck-Offsetdruck nimmt, auch wenn er mit mehr wie drei bzw. vier Farben arbeitet, Anlehnung an das Dreifarbenprinzip, wie es beim Farbenbuchdruck und auch beim Farben-

---

[1] Siehe: Photograph. Korrespondenz, Bd. 64, Nr. 6, S. 177.

lichtdruck seit langem eingeführt ist. Wohl gelingt es in vereinzelten Fällen so wie beim Buchdruck mit nur vier Farben auszukommen, doch werden in vielen Fällen mehr Farben nötig sein und es muß gleich hier konstatiert werden, daß die photographischen Negative für alle weiteren Farben im Grunde genommen nur Wiederholungen der drei Grundfarbennegative sein können, jedoch im Hinblick auf ihren Verwendungszweck durch Variationen der Beleuchtungszeiten sowie der Gradation, diesem angepaßt werden. Man kann zwar abweichend vom Prinzip der Dreifarbenphotographie hin und wieder durch geeignete Wahl eines Filters ein Negativ mit ganz spezieller Farbenauslösung anfertigen, worüber sich aber im allgemeinen keine Regeln aufstellen lassen. Einige Hinweise werden später folgen. Ihre Handhabung erfordert jedenfalls

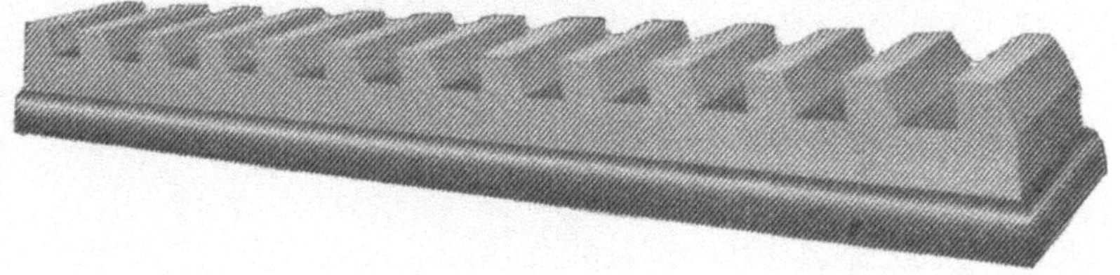

Abb. 15. Inseratenabbildung, hergestellt mit Hedopraraster

eine sehr genaue Kenntnis der Theorie des Dreifarbendruckes sowie der Eigenschaften der photographischen Schicht des Aufnahmematerials.

Bekanntlich lassen sich durch drei richtig gewählte Farben alle anderen Farben wiedergeben. Dies gelingt mit den als Grundfarben bezeichneten Farben Gelb, Rot und Blau. Dabei ist hier natürlich an das subtraktive System der Farbenmischung gedacht, da es sich ja bei allen Druckverfahren um Körperfarben handelt. Auf diese drei Grundfarben hat nun der ganze photographische Prozeß aufgebaut zu sein, womit sowohl die Filter, als auch die Druckfarben bestimmt sind. Wenngleich die Druckfarben allenfalls Änderungen unterworfen werden können, so ist doch zunächst von einer Normalen auszugehen und diese ist einzig und allein aus dem Spektrum abzuleiten. Es muß ferner bemerkt werden, daß der photographische Teil des Farbendruckes an sich, als sehr vollkommen zu betrachten ist, hingegen entsprechen die Druckfarben den theoretischen Anforderungen nur in beschränktem Umfang. Über diese Fehler, zu denen aber noch die Fehler des Rasterverfahrens an sich dazukommen, muß dann in der Folge die Kunst des Retuscheurs hinweghelfen. Es ist also daran festzuhalten, daß sowohl Filter als auch Farbenempfindlichkeit der photographischen Schichten als relativ vollkommen gelten müssen und vermeintliche Fehler der Farbenausschaltung in anderen Stadien des ganzen Prozesses zu suchen sind. Schwer kontrollierbare Gradationsfehler der Negative machen den Anfang der Unzulänglichkeiten.

In manchen Fällen kann zur Erleichterung des Zustandekommens reiner Mischfarben von der Verwendung der sogenannten Normalfarben abgegangen werden. So kann z. B. das Entstehen reiner Grüntöne bei Verwendung von grünstichigem Gelb und ebensolchem Blau gefördert werden. Hingegen wird mit einem grünstichigen Blau wieder kein reines Violett hervorgebracht werden können. Diese Schwierigkeiten scheinen aber erst dann so richtig auf, wenn von einer einzigen Platte mehrere Bilder gleichzeitig gedruckt werden sollen. Hier ist eben wieder die Rückkehr zu den Normalfarben notwendig, und es werden die drei Grundfarben Gelb, Rot und Blau in reinster Form verwendet werden müssen, also ein Gelb, das weder zu rotstichig oder zu grünlich ist, ein Rot das weder zu sehr nach Blau oder Gelb neigt und schließlich ein Blau, das weder zu blaugrün noch zu rotstichig ist.

Während der Dreifarbenbuchdruck in vielen Fällen mit nur drei Farben sein Auslangen findet, kann er bei höheren Ansprüchen aber einer vierten Platte nicht entraten. Die Praxis hat gelehrt, daß jene Farben, die geeignet sind reine Mischfarben zu ergeben und über genügende Transparenz verfügen, dem Bilde zu wenig Kraft geben und namentlich das Zustandekommen tiefen Schwarzes oder dunkelgrauer Töne erschweren und daß man schon aus diesem Grunde zu einer vierten in Schwarz zu druckenden Platten greifen muß, die sowohl Schwarz, als auch alle Grau ganz wesentlich unterstützt. Man weiß, daß beim Farbenbuchdruck nur mit Hilfe der Verwendung von vier Farben hohen Ansprüchen genügt werden kann. Man wird also auch beim Vierfarbenoffsetdruck nicht unter vier Farben durchkommen können, zumal bei diesem Verfahren die Verhältnisse wesentlich ungünstiger liegen. Fürs erste muß man im Auge behalten, daß die über das Gummituch auf das Papier gelangende Farbe nicht mit derselben Intensität auf diesem zu liegen kommt und dort immer weniger Tiefe zeigen kann. Man bemüht sich zwar Farben für Offsetzwecke in sehr konzentrierter Form zu erzeugen, welche dann allerdings von guter Leuchtkraft sind. Solche Farben sind aber anderseits wieder zu wenig transparent um reine Mischfarben beim Übereinanderdruck zu ergeben. Mehr Tiefe geben jene Farben, denen durch Zusatz bestimmter Mittel ein glänzendes Auftrocknen gegeben wurde. Sie haben dann allerdings nicht mehr den Charakter der Aquarellfarbe, den man sonst bei Farbenoffsetdrucken gerne schätzt.

Nachdem also mit den sogenannten Normalfarben nicht jene reinen Mischfarben, wie z. B. ganz reines Grün oder reines Violett hervorgebracht werden kann, wird nichts anders übrigbleiben, als für diese Farben eben eine separate Platte zu nehmen.

Es ist längst erwiesen, daß nicht allein die Druckfarben für die Qualität des Bildes maßgebend sind, sondern ganz wesentlich die Struktur des Bildes (Rasterpunkte) selbst. Mit der Struktur des Bildes steht die Ausdrucksfähigkeit der Druckplatte in wesentlichem Zusammenhange und es ist klar, daß nur jene Druckplatte hier einen Vorzug genießen wird, auf der die Bildelemente — die Rasterpunkte — gestochen scharf und von regelmäßiger Form erscheinen. Sie gibt nicht nur die

Zeichnung schärfer und besser moduliert wieder, sondern auch der Umfang der Tonbildungen wird ein besserer sein können.

Hier zeigt eben die kopierte Druckplatte ihre Vorzüge gegenüber der umgedruckten und erst wenn einmal dem Umdruck völlig entraten werden kann, wird man auch im Offsetdruck an rein bildmäßige Reproduktionen herantreten. Es ist dies heute an Hand der Diapositivätzverfahren bereits ermöglicht und der Offsetdruck ist damit am besten Wege an Hand von vier Normalfarben schon außerordentlich befriedigende Resultate zu ergeben.

Filter und Dunkelkammerlicht

Von den Filtern für Dreifarbenaufnahmen wird eine durch theoretische Erwägungen festzustellende Lichtdurchlässigkeit für einzelne bestimmte spektrale Bezirke verlangt und diesbezüglich sei auf die grundlegenden Arbeiten von Dr. Hübl[1] verwiesen.

Abb. 16. Cuvette

Wenn man dagegen die von den Emulsionsfabriken gelieferten Folienfilter hinsichtlich ihrer Absorption vergleicht, so kann man erkennen, daß die letzteren heller, also durchlässiger sind, was wohl sein darf, denn sie sind schließlich nur für den Gebrauch von Kollodiumemulsion bestimmt. Die Kollodiumemulsion hat eben andere Eigenschaften hinsichtlich der Farbenempfindlichkeit. Die Folienfilter geben kurze Belichtungen und sind eine sehr bequeme Form, da sie auf den Blenden verwendet werden können. Es sei aber aufmerksam gemacht, daß sie bei Objektiven mit längeren Brennweiten und unsymetrischen Bau gerne unscharfe Bilder geben. Auch sind sie gegen Feuchtigkeit empfindlich und verkrümmen sich leicht. Flüssigkeitsfilter mit derselben Absorption wie die Folienfilter sind ebenfalls im Nachstehenden angegeben.

Zum Gebrauch der Flüssigkeitsfilter eignen sich nur Glaswannen (Abb. 16) aus optisch einwandfreien Glas am besten in jener Form, welche ein Aufstecken auf das Objektiv gestatten (Abb. 16).

Vorschriften für Folienfilter: (Nur für Kollodiumemulsion!)

Rotfilter:
Rapidfilterrotlösung 1 : 140 .... 59 ccm
Gelatinelösung 1 : 10 .... 20 „

Grünfilter:
Rapidfiltergrünlösung 1 : 269 .... 59 „
Patentblaulösung 1 : 87,5 .... 4 „
Gelatinelösung 1 : 10 .... 50 „

---

[1] Siehe: Die Dreifarbenphotographie von Dr. A. Hübl, Verlag W. Knapp in Halle a. S.

Violettfilter:

Filterviolettlösung 1 : 87,5 .. 12,5 ccm ⎱
Patentblaulösung 1 : 87,5 ... 4   „ ⎰ von dieser Mischung .. 11,2 ccm
Gelatinelösung 1 : 10 .... 50 „

Gelbfilter:

Rapidfiltergelb 1 : 100 .... 40 „
Gelatinelösung 1 : 10 .... 50 „

Die angegebenen Mengen reichen zum Aufguß auf eine Spiegelglasplatte im Format 24 : 30. Bei der Herstellung benutzt man je eine Spiegelglasplatte im Format 24 : 30 cm, die gut gesäuert und geputzt sein muß. Man bestreicht dann die Ränder mit einer sehr verdünnten Kautschuklösung und übergießt schließlich mit 1%igem Kollodium. Erst wenn dieses vollkommen trocken ist, werden die Spiegelglasplatten auf Nivelliergestelle gebracht, vollkommen horizontal gestellt und dann mit der gut filtrierten Farbgelatinelösung übergossen. Nach vollständigem Trocknen der Gelatine können die Folien vom Glas abgetrennt und in die verlangten Formate geschnitten werden.

Flüssigkeitsfilter für Kollodiumemulsion:

Durch spektroskopische Untersuchungen wurde die nachstehende Zusammensetzung von Farbstofflösungen für Flüssigkeitsfilter gefunden, die in Verbindung mit den wie üblich sensibilisierten Fabrikaten von Kollodiumemulsion einwandfreie Resultate hinsichtlich korrekter Farbenauszüge und kürzester Expositionszeit gewährleisten.

Rotfilter: 420 ccm destill. Wasser und 16,5 ccm einer Lösung von Rapidfilterrot I 1:140.

Grünfilter: 420 ccm destill. Wasser und 9,6 ccm einer Lösung von Rapidfiltergrün I 1:260 und 1,5 ccm einer Lösung von Patentblau 1:87.

Blaufilter: 420 ccm destill. Wasser und 4,2 ccm einer Lösung von Filterviolett 1:87,5 und 1,1 ccm einer Lösung von Patentblau 1:87.

Gelbfilter: 420 ccm destill. Wasser und 15 ccm einer Lösung von Rapidfiltergelb 1:100.

Die Farbstoffe stammen aus den Höchster Farbwerken in Höchst am Main. Die angegebenen Konzentrationen beziehen sich auf Filterwannen von 1 cm innerer Weite; für Filterwannen von 5 mm innerer Weite sind die Konzentrationen der Filterlösungen zu verdoppeln.

Flüssigkeitsfilter für panchromatische Trockenplatten:

Violettfilter: 1,5 g Kristallviolett in 4000 ccm Wasser;
Grünfilter: 1,5 g Rapidfiltergrün in 2000 ccm Wasser;
Rotfilter: 1,5 g Rapidfilterrot in 2000 ccm Wasser;
Gelbfilter: 1 g Rapidfiltergelb in 200 ccm Wasser;
Zur Verwendung in Filterwannen von 10 mm innerer Weite.

Vorschriften für rotes Dunkelkammerlicht für Kollodiumemulsion als auch orthochromatische Trockenplatten: Entweder dunkelrotes Kupferrubinglas oder selbsthergestellte Dunkelkammerscheiben, die man durch Übergießen von vollkommen horizontal liegenden Glasplatten mit der folgenden Lösung erreichen kann: 500 ccm Gelatinelösung (6%ig) und 4,5 g „Rot für Dunkelkammerlicht" (von Agfa), gelöst in 100 ccm Wasser. Auf je 100 ccm Plattenoberfläche gieße man 7 ccm der angegebenen Farbgelatinelösung und stelle nach dem Erstarren der Masse die Platten zum Trocknen an einen luftigen Ort. Zwei solche Scheiben sind übereinander zu legen. Es empfiehlt sich, zwischen die Platten einige Lagen Pauspapiers zu bringen.

Während dieses Licht bei Verarbeitung von Kollodiumemulsion als sicher anzusprechen ist, muß man bei Trockenplatten sehr vorsichtig umgehen und die Platten niemals dem vollen Licht aussetzen. Ein auch für orthochromatische Trockenplatten sehr sicheres Licht erhält man, wenn in der obigen Vorschrift das „Dunkelrot für Dunkelkammerlicht" verwendet wird.

Grünes Dunkelkammerlicht für Kollodiumemulsion erhält man durch Verwendung von auf die oben beschriebene Art hergestellten Glasscheiben, jedoch unter Verwendung der folgenden Farbgelatine-lösung: 12 g Gelatine in 200 ccm Wasser; hiezu 12 g Säuregrün und nach erfolgter Lösung noch 1,2 ccm 3%ige Tartrazinlösung und 2 ccm 4%ige Naphtolgrünlösung. (Alle Farbstoffe von den Höchster Farbwerken.) Auf je 100 qcm Plattenoberfläche kommen 7 ccm der Farbgelatinelösung. Zwei Scheiben übereinanderlegen.

Hinsichtlich der Form der Dunkelkammerlampen sei darauf ver-wiesen, daß die sogenannten Flüssigkeitslampen nicht immer gleich-mäßiges Licht geben. Sehr zu empfehlen sind einfache Holzgehäuse von der Form eines Würfels von ungefähr 35 cm Seitenlänge. Die Vorderwand soll zweckmäßigerweise abgeschrägt sein und eine Ausdehnung von der Größe 24 : 30 cm haben, um die Dunkelkammerscheibe aufzunehmen. Schließlich befindet sich im Innern an der Decke des Gehäuses eine Glühlampe. Wird der innere Raum noch mit Aluminiumlack ausgestrichen, so gibt eine solche Lampe sehr gleichmäßiges Licht auch für die Handhabung von großen Plattenformaten.

Aufnahmematerial

Als Aufnahmematerial dienen für die Zwecke der Dreifarben-photographie die Kollodiumemulsion in Verbindung mit den ge-eigneten Farbstoffen (Sensibilisatoren) oder die panchromatische Trockenplatte.

Die Kollodiumemulsion verbürgt bei Aufnahmen mit dem Raster nicht bloß sehr gute Farbenempfindlichkeit, sondern auch Rasterpunkte von bester Schärfe und Deckung. Das Arbeiten erfordert zwar äußerste Sauberkeit und Können, doch sind die Gestehungskosten eines solchen Negativs geringere wie die eines Trockenplattennegativs.

Der für die Herstellung des Blaudrucknegativs bestimmte Farb-stoff B gibt der Emulsion die erforderliche Rotempfindlichkeit in hervorragendem Maße, so daß die Eigenempfindlichkeit der Schicht gegen blaues und violettes Licht daneben nur sehr mäßig zur Geltung kommt. Dieser Umstand bringt es mit sich, daß ein ganz heller Orangefilter schon genügt, um die mit Farbstoff B gefärbte Emulsion für die Herstellung der Blaudruckplatte geeignet zu machen. Die Emulsion muß bei grünem Dunkelkammerlicht verarbeitet werden, und ist die Platte vor dem Belichten mit Wasser zu spülen, wodurch sie erst richtig ihre Empfindlichkeit erreicht. Auch kann die gefärbte Emulsion tagelang aufbewahrt werden, ohne daß sich Schleierbildung bemerkbar machen würde.

Der für die Herstellung des Rotdrucknegativs bestimmte Farbstoff R gibt der Emulsion eine sehr gute Empfindlichkeit gegen gelb und gelbgrüne Lichtstrahlen, doch ist er wegen der leichten Neigung zu Schleier nicht sehr beliebt. Man pflegt deshalb an seiner Stelle den Farbstoff A (Auto) zu verwenden, der dem vorher genannten verwandt ist, jedoch vollkommen klar arbeitet. Da bei diesem Farbstoff neben der Empfindlichkeit gegen grünes Licht die Eigenempfindlichkeit gegen blaues und violettes Licht besteht, ist zur Herstellung des Rotdrucknegativs ein grüner Filter unerläßlich. Die mit diesem Farbstoff gefärbte Emulsion muß bei rotem Licht verarbeitet werden und ist lediglich ein bis zwei Tage haltbar. Die präparierten Platten sind erst nach der Belichtung mit Wasser zu spülen.

Für die Gelbdruckplatte verwendet man selten den von den Emulsionsfabriken hergestellten Farbstoff G, da dessen Empfindlichkeit eben nicht sehr groß ist und überdies einen Rasterpunkt gibt, der keine scharfe Begrenzung besitzt. Weit besser fährt man mit dem Farbstoff A (Auto), der hinter einem blauen bzw. violetten Filter benutzt, gute Farbenauslösung nebst guter Empfindlichkeit und scharfen Rasterpunkt gewährleistet. Die Behandlung der Platten ist dieselbe wie bei der Aufnahme hinter dem Grünfilter.

Die Schwarzplatte macht eine Empfindlichkeit gegen alle Farben notwendig. Der Idealfall wäre natürlich eine Sensibilisierung gegen alle Farben in gleicher Stärke, so daß also alle reinen Farben von gleicher Deckung kommen müßten. Einen diesen Anforderungen entsprechenden Farbstoff gibt es aber derzeit nicht. Hingegen bringen die modernen panchromatischen Sensibilisatoren die reinen Farben wenigstens annähernd in ihren Helligkeitswerten, also Gelb am hellsten, Rot und Grün fast gleich kräftig und Blau als dunklen Ton. Voraussetzung für diese Abstufung ist allerdings ein gelber Filter, der die Eigenempfindlichkeit etwas dämpft. Der den Emulsionen beigegebene Farbstoff S bringt unter günstigen Verhältnissen wohl alle Farben annähernd in der oben angeführten Abstufung, doch macht er lange Belichtungszeiten erforderlich und gibt überdies keinen sehr scharfen Rasterpunkt. Er wird daher in vielen Fällen lieber weggelassen und an seiner Stelle der Farbstoff B oder Auto verwendet. Natürlich entscheidet darüber das Aussehen des Originals, indem bei Vorhandensein von vielen braunen, roten und orangen und Fehlen von grünen Farbtönen dem Farbstoff B der Vorzug zu geben ist, wobei man gar keinen Filter nötig hat. Andernfalls jedoch, wenn die genannten Farbtöne, insbesondere Rot, fehlen, jedoch mehr grüne oder blaugrüne vorhanden sind, ist wieder der Farbstoff A (Auto) vorzuziehen, wobei ebenfalls kein oder ein schwach gelber Filter zu nehmen ist. Befinden sich aber in einem Bilde sowohl rötliche als auch grünliche

Farbtöne gleichzeitig, dann wird wohl Farbstoff S am zweckmäßigsten zu verwenden sein.

Bezüglich der Trockenplatten für Farbenaufnahmen muß zunächst unterschieden werden, ob man dieselben gleichzeitig unter Verwendung des Rasters, also zu Rasternegativen verarbeiten will oder ob es sich um die Herstellung von Negativen ohne Raster (Halbtonnegativen), nach denen später Rasterdiapositive oder Halbtondiapositive anzufertigen sind, handelt.

In beiden Fällen werden immer panchromatische Trockenplatten zu verwenden sein, nur mit dem Unterschied, daß die zu direkten Rasteraufnahmen bestimmten Platten ein Spezialerzeugnis sind, wie es heute schon in recht guter Qualität auf den Markt kommt. Sie arbeiten sehr hart und klar und geben unter Einhaltung der für photomechanische Trockenplatten maßgebenden Arbeitsbedingungen auch sehr verwendbare Negative, denen eine recht gute Farbenauslösung nachzusagen ist. Die für Farbenhalbtonaufnahmen bestimmten Platten hingegen besitzen eine weiche Gradation und sind ebenfalls in vorzüglicher Qualität zu haben. Auch bei diesen ist die Farbenauslösung eine recht gute.

Beide Plattensorten benötigen natürlich korrekt abgestimmte Filter, wie sie in den bereits angegebenen Vorschriften, S. 57, zu finden sind.

Die Verarbeitung panchromatischer Trockenplatten macht die größte Vorsicht bei Handhabung des Dunkelkammerlichts nötig. Es ist am richtigsten, bei diesen Platten überhaupt kein Dunkelkammerlicht zu gebrauchen und alle Manipulationen im Finstern zu machen. Die Entwicklung dieser Platten kann man am vorteilhaftesten nach der Uhr (mit Glockensignal) durchführen.

Als Entwickler nehme man am besten immer den von der Fabrik empfohlenen oder einen der nachfolgenden.

Konzentrierte Vorratslösung: Wasser 1000 ccm, Hydrochinon 10 g, Metol 5 g, Natriumsulfit krist. 150 g, Pottasche 200 g, Bromkalium 4 g. (In der angegebenen Reihenfolge aufzulösen.) Zum Gebrauch wird 1 Teil Entwickler mit 4 bis 5 Teilen Wasser verdünnt. Arbeitet kräftig und kontrastreich.

Wasser 1000 ccm, Hydrochinon 7 g, Metol 7 g, Natriumsulfit kristall. 150 g, Soda, kristall. 150 g, Bromkalium 1 g. Zum Gebrauch mischt man für rasche Entwicklung 1 Teil Entwickler mit 1 Teil Wasser; für etwas langsamere Entwicklung mit 2 bis 3 Teilen Wasser. Arbeitet weich und weniger kontrastreich.

Die auf Trockenplatten erzeugten Halbtonaufnahmen sind einer sehr umfangreichen Retusche zugänglich. Nach solchen retuschierten Negativen können dann in der Folge Rasterdiapositive in der Kamera hergestellt werden, die schließlich direkt zum Kopieren auf die Maschinenplatte verwendet werden können. Nachdem aber die Richtigstellung der Tonwerte durch Retusche im Halbtonnegativ keineswegs mit absoluter Sicherheit zu handhaben ist, wird in diesem Falle eine weitere Korrekturmöglichkeit am Rasterdiapositiv erwünscht sein. Hier setzt eben das Verfahren von Dr. SCHUPP und NIERTH ein, das als Chromorectaverfahren in einem späteren Kapitel erwähnt ist.

Es ist weiter denkbar, daß, ähnlich wie man es ja auch für chemigraphische Zwecke seit langem zu machen pflegt, nach retuschierten Halbtonnegativen Halbtondiapositive angefertigt und diese ebenfalls wieder einer entsprechenden Retusche unterzogen werden. Nach diesen Diapositiven können nun in der Kamera Rasternegative gemacht werden, die schließlich zum Kopieren auf die Maschiennplatte dienen.

Dieser letztere Weg ist natürlich umständlich und zeitraubend und hat vor den Verfahren, welche die Korrektur der Tonwerte in das Rasterdiapositiv verlegen, viele Nachteile. Vor allem jenen, daß eine Korrektur nach erfolgtem Andruck nur dadurch möglich ist, daß die Retusche auf den Halbtonnegativen bzw. Diapositiven zu erweitern ist, wodurch sich aber die Anfertigung neuer Rasternegative und möglicherweise auch der Diapositive, und zwar für alle Farben (wegen des Passens), notwendig macht.

Rasterstellung für Farbenaufnahmen

Zur Vermeidung des sogenannten Moirees ist es notwendig, die Lage der Rasterliniatur in den einzelnen Farbennegativen jeweils zu verändern. Bekanntlich geben zwei in einem spitzen Winkel übereinander gelegte oder gedruckte Systeme paralleler Linien eine Streifenbildung, die bald breiter, bald schmäler erscheint, je nach der Größe des Winkels.

Nähert sich der Kreuzungswinkel einer Größe von zirka 30 Graden, so ist das Moiree nur mehr ganz gering, um dann schließlich bei genau 30 Grad ganz zu verschwinden. Aber auch über 30 Grad hinaus ist kein Moiree mehr zu bemerken, erst wenn der Kreuzungswinkel 60 Grad überschreitet. Man wird demnach wie beim Dreifarbenbuchdruck zwischen den einzelnen Linienlagen je 30 Grad Unterschied wählen.[1] Da nun aber derzeit noch nicht mit nur drei Farben beim Offsetdruck das Auslangen zu finden ist, muß mindestens eine vierte Platte noch untergebracht werden können, ohne daß Moireebildung zu befürchten wäre. Man verfährt dabei ebenso wie in der Chemigraphie, indem man die drei dunklen Farben: Schwarz, Blau und Rot auf die oben erwähnte Stellung von 30 Graden verteilt und das Gelb zwischen Blau und Schwarz stellt. Damit nimmt zwar die Rasterliniatur für Gelb nur 15 Grad zu den benachbarten Rasterlinien ein; das Moiree ,welches nun bei einem solchen Winkel zustande kommt, ist aber wegen der großen Helligkeit der gelben Farbe nicht sichtbar, bzw. nicht störend. (Abb. 17.)

Eine andere, aber sehr wenig praktizierte Stellung der Rasterliniaturen ist die Anwendung von Winkeln in der Größe von nur 22½ Graden. Hierbei entsteht zwar kein störendes Moiree, doch zeigen die Drucke in den dunkleren Bildpartien hin und wieder eine eigenartige Musterung.

Sollten mehr wie vier Farbenplatten verwendet werden, so nimmt man für je zwei ähnliche Farben die gleiche Rasterstellung, also für einen

---

[1] Diese Winkelstellung war erstmalig von Dr. E. ALBERT in München angegeben worden und war demselben seinerzeit durch Patent geschützt; heute ist diese Erfindung, die den Dreifarbendruck mit gerasterten Bildern überhaupt erst ermöglichte, längst Gemeingut geworden.

Fleischton dieselbe Rasterstellung wie für Rot, bei Grün dieselbe wie bei Blau, für eine Grauplatte wie bei Schwarz usw.

Man muß im allgemeinen sagen, daß beim Offsetfarbendruck lange nicht so viel Gefahr der Moireebildung besteht wie beim Farbendruck,

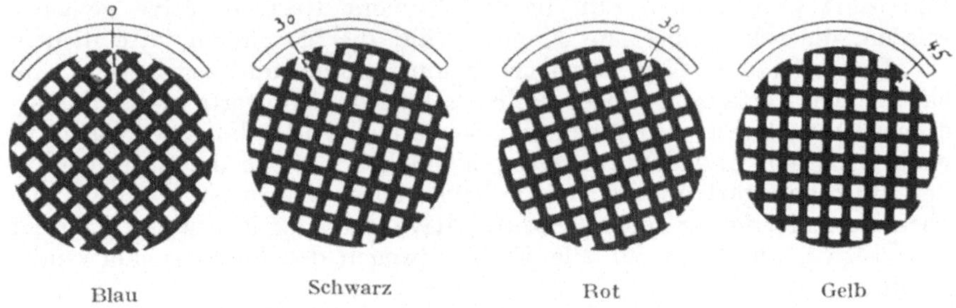

Abb. 17. Schema der Rasterstellung

was wohl auf das rauhere Druckpapier, aber auch auf die weniger exakte Punktform (durch die Übertragung mittels des Gummituches) zurückzuführen sein dürfte.

Um die Liniatur des Rasters in die gewünschte Stellung bringen zu können, ist die Verwendung eines Rasterdrehrahmen, Abb. 18, zu empfehlen. Der Rahmen wird mit dem Raster in die sonst für viereckige Raster im photographischen Apparat vorgesehene Einrichtung eingespannt.

Bei Verwendung von quadratischen oder ähnlich geformten Blenden muß jeweils auf die Stellung der Rasterliniatur Rücksicht genommen werden. Es haben die Diagonalen der quadratischen Blende stets parallel mit der Rasterliniatur zu laufen, wovon man sich am besten überzeugt, indem man durch den Raster hindurch auf die im Objektiv steckende Blende blickt. Vielfach sind die Objektive mit einem Drehring ausge-

Abb. 18. Befestigung für Kreisraster

stattet, der eine Gradeinteilung besitzt. An Hand dieser Einteilung fällt es natürlich leicht, die Blende in die richtige Stellung zu bringen, indem man das Objektiv um ebensoviele Grade dreht wie den Raster.

Praktische Durchführung der Farbenaufnahmen

Gleichgültig auf welche Art und Weise die Farbenauszüge zustande kommen, immer muß die Vorlage an den vier Seiten mit sogenannten Paßkreuzen ausgestattet sein. Diese zeichne man mit tiefschwarzer Tusche auf weißen dünnen Karton, nehme aber auf die Verkleinerung durch die photographische Aufnahme Rücksicht. Bei Aufnahmen in derselben Größe der Vorlage werden die Paßkreuze also nur mit sehr dünnen Strichen zu zeichnen sein, hingegen für starke Verkleinerungen wieder mit starken Strichen. Man tut gut, gleich ein für allemal ein ganzes Sortiment von Paßkreuzen zu zeichnen. Die Anbringung der Paßkreuze am Original hat so zu geschehen, daß dieselben tunlichst genau in der Mitte der Seitenkanten zu stehen kommen. Bei starken Verkleinerungen berücksichtige man auch die Entfernung vom Bildrand.

Außer den Paßkreuzen befestige man auch noch eine Farbenskala. Dieselbe dient zur Kontrolle der richtigen Farbenauslösung, aber auch dazu, um den Farbenauszug als solchen leicht zu erkennen. Man kann sich eine solche Skala leicht selbst herstellen, wenn man Papierstreifen, welche mit den Normalfarben und ihren Mischungen bedruckt sind, derartig zusammenklebt, daß sie in derselben Reihenfolge wie im Spektrum nebeneinander zu stehen kommen.

Ein außerordentlich nützlicher Behelf für Dreifarbenaufnahmen ist die sogenannte Grauskala. Sie hat aber nur Wert, wenn sie tatsächlich vollkommen neutral ist, was allerdings nicht leicht zu erzielen ist. Man kann dieselbe entweder dadurch herstellen, daß man Kartonblätter mit einem Gemisch von Zinkweiß und Ruß unter Zusatz von Gummi arabicum bestreicht und die Quantitäten der letzteren derartig ändert, daß man etwa fünf dunkle Töne erzielt, abschattiert bis zum tiefen Schwarz, und ferner fünf helle Töne, abschattiert bis zum reinen Weiß. Aus diesen Blättern schneidet man dann kleine Streifen und klebt sie so nebeneinander, daß eine Reihenfolge von Schwarz bis Weiß entsteht. Wenngleich einer solchen Skala die mittleren Töne fehlen, erfüllt sie doch ihren Zweck.

Einfacher ist die Herstellung einer Grauskala dadurch, daß man sich eine weich arbeitende Trockenplatte in der Kamera durch kontinuierliches Aufziehen des Kassettenschiebers etwa 15mal belichtet, wobei man an Stelle des Originals einen Bogen reinen weißen Papieres gibt. Man erhält dann ein in Streifen abschattiertes Negativ. Kopiert man nun dieses auf hochglänzendes Gaslichtpapier, so kann man den brauchbaren Teil aus dieser Kopie in Form eines Streifens ausschneiden und zu den Dreifarbenaufnahmen benutzen.

Der Wert einer Grauskala besteht darin, daß man mit ihrer Hilfe sehr gut imstande ist, die Übereinstimmung der Gradation in den drei Negativen zu kontrollieren. Erscheint die Skala in den einzelnen Negativen von gleicher Deckung und Abstufung, so können die Negative als zusammenstimmend bezeichnet werden, andernfalls zu erwartende Fehler beim Zusammendruck gleich zu konstatieren sind.

Farbenaufnahmen mittels des Rasters unter Verwendung von Kollodiumemulsion

Diese Art der Herstellung von Farbenauszügen für den Offsetdruck ist wohl die meist gehandhabte und ist sowohl dann am Platze, wenn entweder für das sogenannte Reisachersche Verfahren Negative anzufertigen sind, als auch für die neueren Diapositivätzverfahren, schließlich auch dann, wenn die Negative etwa direkt auf die Maschinenplatte kopiert werden sollen.

Man muß sich nur darüber klar sein, nach welcher Methode gearbeitet wird, da es hiervon abhängt, ob das Umkehrungsprisma verwendet werden muß.

Mit Prisma oder Spiegel ist zu arbeiten, wenn die Negative auf Zink kopiert werden sollen, mit welchem dann auf Stein direkt umgedruckt wird (Reisacherverfahren), oder wenn nach einem der Diapositivätzverfahrens gearbeitet wird und die Diapositive mittels des Chromgummiverfahren direkt auf die Maschinenplatten kopiert werden.

Ohne Prisma oder Spiegel ist zu arbeiten, wenn die Negative direkt auf die Maschinenplatte oder auf den lithographischen Stein, von welchem dann mit Umdruckpapier auf die Maschinenplatte umgedruckt wird, zu kopieren sind. Arbeitet man nach den Diapositivätzverfahren und kopiert die Diapositive auf Filme, so daß die Kopierung der Maschinenplatte mit diesen in Verbindung mit dem Chromeiweißverfahren geschieht, so ist ebenfalls ohne Prisma bzw. Spiegel zu arbeiten.

Die Gelbplatte: Emulsion mit Farbstoff Auto. Filter: Blaufilter als Flüssigkeit oder als Folie (S. 56).

Die Rotplatte: Emulsion mit Farbstoff Auto. Filter: Grünfilter als Flüssigkeit oder als Folie (S. 56).

Blauplatte: Emulsion mit Farbstoff B (tunlichst am Tag vorher schon angefärbt. Filter: Rotfilter als Flüssigkeit oder als Folie (S. 56).

Schwarzplatte: Emulsion mit Farbstoff S. Filter: Wasser oder schwacher Gelbfilter. (Letzteren eventuell als Folie. S. 56.) Sollte aber im Bilde kein reines Rot vorkommen, so kann die Schwarzplatte auch recht gut mit Farbstoff Auto und Wasserfilter oder ohne Folienfilter gemacht werden. Mangelt jedoch das Grün und kommen reine rote Farbtöne vor, so kann diese Platte auch mit Farbstoff B gemacht werden, wozu man ebenfalls einen Wasserfilter nimmt. Beim Vorhandensein graublauer Töne empfiehlt sich aber die Verwendung eines gelben Filters (flüssig oder als Folie).

Bezüglich der Rasterstellungen siehe S. 62.

Hinsichtlich des Charakters der Negative muß folgendes gelten: Ausgenommen für die Diapositivätzverfahren können die Negative sehr reich exponiert werden und einen recht vollen Eindruck machen, d. h. man kann kräftigen Schluß exponieren und den Schattenpunkt kräftig belassen. Man erzielt dies dadurch, daß man mit größerem Rasterabstand arbeitet und in der Regel auch größere Blenden verwenden kann. Bei der

Exposition der Blauplatte sei man allerdings hinsichtlich der Blenden vorsichtig und nehme dieselbe nicht sehr groß, da diese Emulsion leicht die Lichter der Vorlage zu hart bringt. Lieber die Blende kleiner belassen und kräftig exponieren.

Die fertigen Negative sollen einheitlich im Charakter erscheinen, d. h. rein weiße Partien müssen gleich kräftig sein und die tiefen Schattenpartien sollen gleich große Punkte zeigen. Hat man eine Grauskala mitexponiert, so muß dieselbe in allen Negativen ganz gleichartig abgestuft erscheinen.

Es ist empfehlenswert, die Negative bevor sie zum Trocknen gestellt werden, mit dünner Gummi-arab.-Lösung oder Gelatinelösung zu übergießen, und an einer Ecke außerhalb des Bildes die Farbe (R, G oder B anzuschreiben, um Verwechslungen vorzubeugen.

Farbenaufnahmen mittels des Rasters auf Trockenplatten

Die photomechanische Trockenplatte eignet sich in hohem Grade für die Herstellung von Farbenauszügen im Rahmen der Offsetverfahren. Sie gibt im Verein mit entsprechenden Filtern sehr gute Farbenausscheidung. Als eine gewisse Überlegenheit gegenüber der Kollodiumemulsion muß angeführt werden, daß man auf Trockenplatten ausgezeichnet in der Lage ist, die Negative gründlich durchzuexponieren, ohne befürchten zu müssen, daß die Lichter abflachen oder zu viel Schluß zu bekommen. Ihre Behandlung erfordert allerdings etwas andere Gesichtspunkte, da man um befriedigende Resultate zu erzielen, anders verfahren muß wie bei der Kollodiumemulsion. (Siehe S. 49.) Von großer Annehmlichkeit wird vom Photographen die stete Bereitschaft der Trockenplatte empfunden, da bei ihr alle sonst notwendigen vorbereitenden Arbeiten, wie Plattensäuern, Putzen, Vorpräparieren, Anfärben der Emulsion usw. entfallen, und die Gleichmäßigkeit des Gusses eben von der Fabrik aus gewährleistet ist. Es gibt überdies weniger Fehlaufnahmen, da die sonst bei Kollodiumemulsion durch den Staub der Luft, schlechte Atmosphäre usw. verursachten störenden Erscheinungen entfallen.

Die Punktschärfe ist allerdings nicht die schöne wie bei Emulsionsnegativen, doch beeinträchtigt dies die Verwendung in keiner beträchtlichen Weise.

Die auf dem Markte befindlichen Fabrikate sind meistens panchromatische Platten, so daß für alle Teilnegative ein und dieselbe Plattensorte zu verwenden ist. Manche Fabriken bringen allerdings zwei Sorten in den Handel, wovon die eine für die Blau-, Gelb- und Schwarzplatte dient und die andere für die Rotplatte. (Photax-Platten der Fabrik in Soest in Holland.)

Hinsichtlich der Rasterstellungen gilt dasselbe wie bei Verwendung von Kollodiumemulsion.

Bezüglich der Filter wird auf die Vorschriften S. 57 verwiesen.

Die Exposition der einzelnen Teilnegative geschieht am besten unter Verwendung viereckiger Blenden für die Bildexposition und einer kleinen runden Blende für die Vorexposition. Die Entwicklung erfolgt, bei Ausschluß allen Lichtes, in dem S. 36 angegebenen Entwickler, und zwar bei normaler Temperatur, etwa drei Minuten lang.

Sind die Negative für die Phototonätzung oder das Efha-Offsetverfahren bestimmt, so empfiehlt sich die Verwendung der Sternblende Abb. 19; sie läßt nicht die scharfen Punkte zustande kommen wie etwa die viereckige Blende, jedoch hat sie nicht zu unterschätzende Vorteile (siehe Kapitel: Beschaffenheit der Rasternegative für die verschiedenen Verwendungszwecke.)

Abb. 19. Sternblende

Behandlung der Negative nach dem Fixieren erfolgt in der Weise, wie S. 50 beschrieben, also zunächst Klärung mit dem FARMERschen Abschwächer, um auch die Punkte in ihrer Größe und Schärfe zu verbessern. Man treibe aber die Abschwächung niemals so weit, daß die Schattenpunkte ihre Deckung verlieren, was am Verschwinden des Punktkernes leicht zu verfolgen ist. Wenn nach dem Abschwächen zirka zehn Minuten lang gewässert wurde, kann man entweder mit dem gewöhnlichen Sublimatverstärker und Ammoniakschwärzung behandeln oder den sehr ausgiebigen Jodquecksilberverstärker ohne Schwärzung gebrauchen.

Fertige Negative auf Trockenplatten haben allemal ein volleres Aussehen wie Emulsionsnegative, was aber in keiner Weise stört.

Farbenhalbtonaufnahmen

Man kann zu Farbenrasternegativen auch dadurch gelangen, daß man nach dem alten Verfahren der indirekten Aufnahmen zunächst Halbtonnegative anfertigt, nach diesen Halbtondiapositive und nach letzteren erst die Rasternegative macht. Dieser Weg erscheint natürlich als sehr lang und kostspielig, ohne besondere Vorteile zu bieten. Es wäre lediglich jene Möglichkeit zu erwähnen, die darin besteht, daß sowohl am Halbtonnegativ als auch am Halbtondiapositiv verschiedentliche Retuschen angebracht werden können. Wenn sich aber die Retuschen auf Grund eines probeweisen Zusammendruckes als nicht zureichend erweisen, so sind sowohl die Diapositive als auch die Rasternegative zu wiederholen, denn die spätere Anfertigung eines einzelnen Rasternegativs wird wohl wegen des genauen Passens große Schwierigkeiten machen. Es hat also das Verfahren in der eben geschilderten Weise keinen großen Wert und wäre etwa nur dort am Platze, wo das Original nicht in das Atelier geschafft werden kann.

Das indirekte Verfahren bzw. die Anfertigung von Halbtonnegativen hat aber dort einen Wert, wenn nach der Methode von Dr. SCHUPP (Chromorectaverfahren) gearbeitet wird, bei welchem Verfahren bekanntlich nach den retuschierten Halbtonnegativen Rasterdiapositive in der Kamera angefertigt werden.

Zu allen Farbenhalbtonaufnahmen eignen sich nur die **panchroma-tischen Trockenplatten**, die in vorzüglicher Qualität seitens verschiedener Fabriken erzeugt werden. Sie sollen in frischem Zustande verarbeitet werden, da diese Plattensorte bei langem und unsachgemäßem Lagern zu schleiern beginnen.

Hinsichtlich der für Dreifarbenaufnahmen auf panchromatischen Platten geeigneten Filter siehe S. 57.

Zur Entwicklung verwende man den von der Fabrik vorgeschriebenen Entwickler oder den bereits beschriebenen Metol-Hydrochinonentwickler, der bei fast allen Sorten gute Resultate gibt. Strebt man sehr weiche Negative an, so ist der Metol-Sodaentwickler (S. 60) sehr zu empfehlen, den man schließlich durch Zusammenmischen mit dem vorher erwähnten Metol-Hydrochinonentwickler härter gestalten kann.

Am besten richtet man die Entwicklung lediglich nach der Zeit ein, da die panchromatischen Platten kein rotes Dunkelkammerlicht vertragen und das von den Fabriken angegebene grüne Licht nur mit äußerster Vorsicht zu gebrauchen ist. Man wird bald herausfinden, welche Entwicklungszeit die beste ist, um gut durchzeichnete Negative von entsprechender Deckung zu erhalten. Es erweist sich immer als vorteilhaft, wenn man, namentlich bei Verarbeitung größerer Formate, zunächst eine Probeexposition macht, indem man in die Kassette nur einen schmalen Streifen der betreffenden Plattensorte einlegt und durch sukzessives Aufziehen des Kassettenschiebers verschieden langes Belichten durchführt. Entwickelt man dann diesen Streifen etwa fünf Minuten lang, so hat man schließlich ein skaliertes Negativ vor sich, aus welchem die richtige Expositionszeit bestens festgestellt werden kann. Zur Kontrolle der Entwicklungszeit eignet sich sehr gut eine Uhr mit Läutwerk. Man kann dann ferner auch noch konstatieren, ob man die Entwicklung nicht etwa auch länger oder kürzer machen soll. Man achte stets darauf, daß der Entwickler nicht zu kalt ist, was in den Wintermonaten von Belang ist.

Zum Fixieren eignet sich das sogenannte saure Fixierbad und belasse man die Negative stets länger im Fixierbad als wie es anscheinend nötig ist. Auch bringe man nur vollständig ausfixierte Negative an das Tageslicht, da ein zu frühes Herausnehmen leicht zu gelblicher Färbung Anlaß sein kann.

Will man bei der Verarbeitung der panchromatischen Platten die Entwicklung verfolgen, so kann man sich mit Vorteil der **Hellicht-entwicklung** unter Verwendung von **Pinakryptol** bedienen, indem man die belichtete Platte zunächst im Dunkeln in ein Pinakryptol-Grünbad[1] legt und darin mindestens 1 bis 2 Minuten beläßt. Hierauf

---

[1] Pinakryptolgrün von den Höchster Farbwerken löst man in der Konzentration 1 : 500 in heißem Wasser auf und hebt diese Vorratslösung im Dunkeln auf. Zur Verwendung nimmt man 20 ccm der Vorratslösung auf 200 ccm Wasser und badet darin die Platten zwei Minuten. Bei Verwendung von Pyrogallol oder Hydrochinon als Entwickler ist eine gewisse Vorsicht gegenüber dem orangeroten Licht geboten. Gegenüber panchromatischen

kann man sofort mit der Entwicklung ohne Abspülen beginnen und nach einer Minute auch schon orangerotes Licht machen.

Die fertigen Negative sollen richtig zusammenstimmen, d. h. ihre Deckung soll gleichartig sein, was sich an Hand einer Grauskala am besten konstatieren läßt. Lediglich die Schwarzplatte kann etwas dichter und reicher durchexponiert erscheinen und namentlich bei dunklen Bildern ist die reiche Durchzeichnung der Schattenpartien in diesem Negativ von Wichtigkeit.

Sollte an der einen oder anderen Platte eine Abschwächung nötig sein, so ist diese am besten gleich nach der Fixierung durchzuführen, und zwar mit dem FARMERschen Abschwächer (rotes Blutlaugensalz und Fixiernatron, wie dies bei den Emulsionsnegativen üblich ist).

Sollte die Verstärkung eines Negativs nötig sein, so eignet sich dazu am besten der Quecksilberverstärker mit nachheriger Schwärzung mit Natriumsulfit. Das sehr gut vom Fixiernatron gewaschene Negativ kommt bis zur völligen Durchbleichung in das nachfolgende Bad:

> Wasser .... 1000 ccm
> Quecksilberchlorid...... 20 g
> Bromkalium .... 20 g

Hierauf wässert man etwa 10 Minuten lang und schwärzt mit einer Lösung von Natriumsulfit 1 : 10 (die nicht sehr alt sein darf, da sie sonst nicht mehr schwärzt). Hierauf wieder 10 Minuten lang wässern. Beläßt man das Negativ sehr lange in der Natriumsulfitlösung, so geht die Verstärkung wieder merklich zurück, namentlich wenn die Lösung sehr frisch oder konzentriert war.

Läßt man in der obigen Rezeptur des Quecksilberverstärkers das Bromkalium weg, so erhält man einen Verstärker, der in Verbindung mit Ammoniak als Schwärzung ausgiebiger und härter ist wie bei Sulfitschwärzung.

Verfahren zur Gewinnung tonwertrichtiger Kopiervorlagen für den Farbenoffsetdruck

Der Offsetdruck kann erst dann seine volle Brauchbarkeit für den Farbendruck auf photomechanischer Grundlage entfalten, wenn er sich vom Umdruck gänzlich frei macht und Druckplatten verwendet, die durch photomechanische Kopierung zustande kommen. Die Praxis des Farbenoffsetdruckes der jüngsten Vergangenheit hat bewiesen, daß die auf photomechanischem Wege hergestellten Druckplatten zufolge ihres scharfen Punktbildes und der damit verbundenen exakten Abstufung der

---

Platten ist das Pinakryptolgelb noch wirksamer wie Pinakryptolgrün. Die Verarbeitung desselben ist wie die des Pinakryptolgrün, doch empfiehlt sich die Konzentration 1 : 1000 zu verwenden. Siehe die Broschüre: Etwas über Hellichtentwicklung, herausgegeben von der AGFA, Berlin.

Tonwerte die Farbenskala wesentlich verkürzen, und die Auswertung des Dreifarbenprinzipes in dem Sinne, wie es im Buchdruck seit langem dominiert der Verwirklichung immer näher bringt.

Es ist bekannt, daß dem auf der Flachdruckform befindlichen gerasterten Bild nicht mehr beizukommen ist, wenn es z. B. gilt, bestimmte Bildteile zu verändern, also heller oder dunkler zu gestalten. Wohl kann man in ganz bescheidenen Grenzen die Tonwerte auf der Druckplatte verändern, doch geschieht dies bekanntlich immer auf Kosten der Glätte und Ruhe der Tonabstufungen, was in der ungleichen Veränderung der Form der Rasterpunkte seinen Grund hat. Die Notwendigkeit, in das für Flachdruckzwecke gerasterte Bild Eingriffe zu machen, ist aber nun einmal gegeben und ist namentlich dann unerläßlich, wenn es sich um die Teilplatten zu einem Farbendruck handelt. Das für Hochdruckzwecke gerasterte Bild auf einer Metallplatte (Klischee) ist den Retuschen durch verschieden langes Ätzen weit zugänglicher, da dort die einzelnen Druckelemente (Rasterpunkte) hochgestellt sind und bei Fortsetzung des Ätzprozesses immer kleiner werden, was einer Aufhellung der Tonwerte gleichkommt. Hierbei behalten die Rasterpunkte innerhalb sehr großer Grenzen immer noch ihre volle Schärfe und exakte Form. Diesen Umstand für den Offsetdruck auszuwerten gelang verschiedenen Firmen, voran REISACHER in Stuttgart mit gutem Erfolge. REISACHER, der das Verfahren erst so richtig brauchbar gestaltet hat, ist sich dessen bewußt, daß diese Methode schon überall bekannt ist. Sie besteht darin, daß die gerasterten Teilbilder auf dünne Zinkplatten kopiert und zunächst als Klischee geätzt werden. Von diesen Klischees werden dann direkt auf lithographischen Stein Umdrucke gemacht und von diesem wird das Bild erst mittels Umdruckpapier auf die Maschinenplatte übertragen.

Hier wird also die Farbenautotypie aufs beste ausgewertet, jedoch kommt auch dieses Verfahren nicht über die Notwendigkeit des Umdruckes und aller damit verbundenen Schwierigkeiten hinweg.

Neuere Methoden der Druckformenherstellung für den Farbenoffsetdruck gehen nun völlig andere Wege, wobei einerseits die Retuschemöglichkeit in weitgehendsten Maße gesichert und anderseits der Umdruck völlig ausgeschaltet wird. Sie beruhen darauf, daß die Retusche auf Halbtonnegativen und eventuell auf den darnach angefertigten Diapositiven ausgeführt wird, oder ein Teil der Retusche wird am Halbtondiapositiv und ein anderer Teil auf dem darnach angefertigten Rasterdiapositiv durchgeführt. Andere Methoden aber, denen das größere Interesse gebührt, bestehen nun darin, daß die Retusche auf Rasterdiapositiven durchgeführt wird, welche nach den Rasternegativen durch Kontaktkopierung gewonnen wurden. Die letzteren Methoden haben in einem gewissen Sinne große Ähnlichkeit mit der Chemigraphie, da die auf den Rasterdiapositiven durchzuführende Retuschearbeit in einer partiellen Verkleinerung der Rasterpunkte (ähnlich wie am Klischee) besteht; die korrigierten Diapositive, oder darnach kopierte Filmnegative gelten dann einfach als Kopiervorlagen.

Es sollen nun die einzelnen, in den letzten Jahren entstandenen Verfahren angeführt und einer kritischen Beleuchtung unterzogen werden:

Die Erkenntnis, daß die auf einem Rasternegativ oder Rasterdiapositiv befindlichen Punkte durch die übliche Abschwächung eine Verkleinerung erfahren, die eine sehr weitgehende sein kann und natürlich gleichzeitig ein beträchtliches Dunklerwerden (im Rasterdiapositiv heller werden) der Tonwerte bedeutet, nützt man ja bei der Herstellung von Rasternegativen immer wieder aus. Daß bei einer derartigen eventuell sehr weitgehenden Behandlung die Rasterpunkte ihre Deckung einbüßen, hat hier nicht viel auf sich, da die bei solchen Arbeiten immer notwendige Verstärkung dies wieder ausgleicht.

Diese Methode zielbewußt für die Richtigstellung der Tonwerte auszunützen, ist nicht neu, denn schon bei den sogenannten „Gigantographien" nützte man sie aus. Man machte solche Gigantographie wohl ursprünglich dadurch, daß man einen Raster und ein Diapositiv zusammenlegte und dann gemeinsam vergrößerte. Später aber zog man es vor, lieber ein Rasternegativ zu vergrößern, fertigte darnach ein Diapositiv an, nach welchem wieder ein Negativ hergestellt wurde. Man konnte hierbei wesentlichen Einfluß auf die Tonabstufungen im günstigen Sinne nehmen, denn die Abschwächung im Rasterdiapositiv wirkt ähnlich, wie die Ätzung einer Autotypie auf Metall — sie wirkt mehr in den Lichtern und erhöht dadurch die Kontraste namentlich in den helleren Tonwerten. Man kann bei dieser Methode sogar so weit gehen, daß die Lichtpunkte in den rein weißen Stellen des Originales verschwinden, was gewiß bei der Verwendung für Flachdruckzwecke seine Vorteile bietet. Im übrigen ist diese Methode, und sie kann füglich als teilweise Vorläuferin für einige ganz ähnliche neuere Arten gelten, im British Journal of Photographie 1912, S. 882 angeführt. In dieser Notiz ist sie als „Hochlichtprozeß" beschrieben und gilt als Beantwortung auf eine Anfrage eines Lesers, der sie schon früher einmal in der gleichen Zeitschrift las. Die Methode war einem gewissen Sears patentiert, jedoch war sie schon vorher in detaillierter Beschreibung publiziert. Der Vollständigkeit halber sei noch bemerkt, daß Sears Halbtonnegative anfertigte, nach welchem in der Kamera Rasterdiapositive gemacht wurden. Auch ist auf die Verwendung der Trockenplatten für den in Rede stehenden Zweck verwiesen und auf die Möglichkeit, daß lokal abgeschwächt oder auch verstärkt werden kann.

Ein Verfahren das an das eben angeführte stark erinnert, wurde der „Deutschen Bildkunst A.-G., Photochemigraphische und drucktechnische Werkstätten G. m. b. H. in Köln-Ehrenfeld" unter D. R. P. 409 750, Klasse 57 d patentiert. Der Anspruch dieses Patentes lautet: „Verfahren zur Herstellung von Rasternegativen für Druckformen dadurch gekennzeichnet, daß man Rasternegative anfertigt, nach diesen ein Diapositiv kopiert und von diesem Diapositiv nach vorausgegangener Behandlung ein zweites Negativ kopiert."

In diesem Verfahren ist also im Wesentlichen das patentiert, was

wie oben bereits schon gesagt, zur Herstellung von Gigantographien
längst vorher ausgeführt wurde.[1]

In einer Kritik dieses Patentes schrieb der Verfasser[2] dieses Buches:
„Würde aber ein Erfinder für die Nachbehandlung des Rasterdiaposi-
tivs einen neuen Weg finden, der die Beeinflussung der Tonskala in weit-
gehenderem Maße, als durch die Anwendung der üblichen Abschwächerlösung erreichbar ist, verbürgt, so würde dieser neue Weg sehr wohl
den Schutz durch Patente für sich in Anspruch nehmen dürfen." Bekanntlich hat eine weitgehende Anwendung einer Abschwächerlösung auf
einem Rasternegativ immer einen ganz beträchtlichen Verlust an Deckung
der einzelnen Rasterpunkte im Gefolge. Tatsächlich gibt es bereits Methoden, welche eine Punktverkleinerung ohne Deckungsverlust gestatten.
Das erste dahingehende Verfahren ist dasjenige von ELLIS BASSIST nach
dem amerikanischen Patent vom 10. II. 1925 (D. R. P. 433044. ausgelegt
am 27. VIII. 1926). nach welchem Glasplatten mit einer dünnen Metallschicht überzogen werden, auf welche eine Chromkolloidschicht zum
Kopieren eines Negativs aufgebracht wird. Nach dem Entwickeln der
vorher belichteten Chromkolloidschicht kann ein Lösungsmittel für
die Metallschicht diese nur zwischen den Rasterpunkten auflösen. Bei
weiterer Einwirkung werden die Rasterpunkte immer kleiner, ohne ihre
Deckung zu verlieren, da die Auflösung der Metallschicht nur von der
Seite her erfolgen kann.

Man sollte meinen, daß dies Verfahren eine ganz geniale Lösung
vorstellt, doch konnte Verfasser dieses Buches nicht ausfindig machen,
ob es in der Praxis Eingang fand. Der Erfinder selbst empfahl in der
Folge, das „Neokolverfahren" zu benützen.

Das Neokolverfahren ist von Mr. C. BEEBE erfunden und besteht
in der Anwendung eines photographischen Mediums aus synthetischen
Harzen, deren Herstellung in den amerikanischen Patenten 1587269
vom 18. November 1922 bis 1587 vom 22. Jänner 1923 beschrieben ist.[3]

Über diese Verfahren ist aber bei uns in Europa recht wenig bekannt,
lediglich im „Offset-Buch- und Werbekunst", Heft 8 1927, ist darüber
kurz berichtet. Daraus ist zu entnehmen, daß das nötige Präparat mit
Benzol verdünnt auf Glasplatten in einer Schleudermaschine aufgegossen wird. Nach erfolgter Belichtung wird mit Benzin entwickelt
und je länger der Entwickler einwirkt — was auch partiell geschehen
kann —, desto kleiner werden die Rasterpunkte, wobei sie aber ihre
Deckung bewahren sollen. Die Erhaltung der Deckung ist offenbar nur
dadurch zu erklären, daß trotz der zweifellos auch von oben her statt-
findenden Auflösung der Schicht diese immer noch dick genug ist um
wegen des in ihr enthaltenen roten Farbstoffes kein aktinisches Licht

---

[1] Siehe UNGER, Die Herstellung von Büchern, Illustrationen, Akzi-
denzen usw., S. 162. Verlag W. Knapp, Halle a. d. S.

[2] BROUM, Photograph. Korrespondenz, Jahrgang 1927, S. 190: „Zum
D. R. P. Nr. 409750, Herstellung von Rasternegativen für Druckformen"
und Deutscher Drucker, Juni 1927, S. 766.

[3] Chem. Zentralblatt, 1926, II, S. 1232.

hindurchfallen zu lassen. Zum Kopieren werden Rasternegative auf Trockenplatten empfohlen (offenbar wegen des unscharfen Punktes in diesem Aufnahmematerial).

Ein Verfahren, das die Retuschemöglichkeit auf einem **Halbtonnegativ** ausnutzt, nach welchem dann in der Kamera **Rasterdiapositive** angefertigt werden, ist das **Chromorectaverfahren** von Dr. SCHUPP und NIERTH in Dresden, D. R. P. 54 443, ausgelegt am 4. Juli 1929. Wenngleich in einem Aufsatze über das Verfahren[1] gesagt wird, daß hier ganz bedeutende Änderungen der Tonwerte durch Retusche möglich sind, so ist doch ohneweiters zu erkennen, daß sich dieselben lediglich auf die **gemeinsame Wirkung** der Retusche am Halbtonnegativ und am Rasterdiapositiv stützen. Es ist möglich, den durch Retusche am Halbtonnegativ noch nicht völlig richtig gestellten Tonwert innerhalb eines Bildes durch Reduktion der Rasterpunkte am **Rasterdiapositiv** ganz richtig zu stellen — einmal schon darum, weil sich bei richtiger Anfertigung des Kamera-Rasterdiapositivs tatsächlich eine immerhin wirkungsvolle Reduktion der Punktgrößen vornehmen läßt ohne daß eine namhafte Einbuße an Deckung dabei eintritt, welche aber schließlich einen Ausgleich in der später durchzuführenden Verstärkung noch finden kann. Allemal ist natürlich die Retusche am Halbtonnegativ das maßgebendste.

Ein weiteres Verfahren, welches die Retuschemöglichkeit ausschließlich auf einem Diapositiv durchführt, ist die **Efha-Offsettechnik**[2]. Zur Herstellung der hierfür nötigen Diapositive ist aber die Benützung einer eigenen Platte, der „Hausleiterplatte", nötig, welche aus einer auf Glas aufgetragenen Kolloidschicht (Gelatine ?) besteht, die durch Einbettung feinstverteilten Silbers vollständig undurchsichtig erscheint, also ähnlich einer Bromsilbertrockenplatte, welche man im ganzen belichtet und dann in einem Entwickler völlig schwärzt. Diese Hausleiterplatte wird nun durch Baden in einem Bichromatbad lichtempfindlich gemacht und ein Rasternegativ darauf kopiert. Nach dem Kopieren wird nun mit einem eigenen Abschwächer[3] die Platte so lange behandelt, bis das Bild klar hervortritt. Die Wirkung des Abschwächers ist so zu erklären, daß derselbe nur dort zum Silber in der Schicht gelangen kann, wo durch die Belichtung keine Gerbung der Kolloidschicht entstanden ist, also dort wo die Punkte des Rasternegativs den Lichteintritt in die Schicht verhinderten. Die anderen Stellen hingegen haben durch die Belichtung eine Gerbung erfahren, und in diese kann der Abschwächer nicht, oder doch nur sehr langsam eindringen. Man erhält auf diese Weise sehr scharfe Punkte und es ist Voraussetzung zum Gelingen, daß der Unterschied der Gerbung zwischen den belichteten und

---

[1] Die Grundlagen des Offsetchromorectaverfahrens. Offset-, Buch- und Werbekunst. 1928, H. 6, S. 271.

[2] Von der Firma Efha-Rasterfabrik in München.

[3] Photographischer Abschwächer aus Blutlaugensalz und Rhodanammonium bestehend, eventuell unter Zusatz von Bromkalium oder Ammoniak oder Alkalien (D. R. P. Nr. 465 373 vom 15. Februar 1928).

unbelichteten Stellen ein tunlichst großer ist. Man muß bedenken, daß schließlich durch die Behandlung der Platte im Bichromatbad zunächst eine allgemeine Gerbung der ganzen Schicht eintritt, eine Tatsache, welche schon A. FARMER 1893 entdeckte. Dieser machte nämlich die Beobachtung, daß ein gewöhnliches fixiertes Silbergelatinebild beim Baden in Bichromat zu Chromoxyd resp. Chromdioxyd reduziert, ähnlich wie dies sonst das Licht tut, und daß an den silberhaltigen Stellen die Gelatine gegerbt wird.[1]

Es ist also sehr kräftige Belichtung nötig, um für die Diffusion des Abschwächers einen wirksamen Unterschied zwischen den belichteten und unbelichteten Stellen zu schaffen; tatsächlich muß die Hausleiterplatte bei einer sehr kräftigen Bogenlampe länger belichtet werden wie etwa eine Chrom-Eiweißschicht auf Zink. Die Füllung der Schicht mit dem schwarzen Silberniederschlag verzögert natürlich auch das Eindringen des Lichtes. Wenn nun durch unrichtig bemessene Kopierzeit, oder durch einen nicht passenden Zustand der Kolloidschicht der Unterschied des Gerbungsgrades der belichteten und unbelichteten Stellen nicht ausreichend genug ist, so versagt das Verfahren und die Punkte beginnen die Deckung zu verlieren, namentlich wenn zwecks Korrektur eines Tonwertes die Rasterpunkte durch die fortgesetzte Einwirkung des Abschwächers stark verkleinert werden sollen. Es fiel mir auch unangenehm auf, daß durch das Abdecken und darauffolgende Ätzen die Kontur des Abdeckmittels die Punkte entzwei schnitt, was darauf zurückzuführen ist, daß hier sowohl die Punkte als auch die Zwischenräume in einer Ebene liegen und nicht wie bei einem Klischee ein Relief bilden.

Das Verfahren HAUSLEITNERS wurde von diesem zum Patent angemeldet. Das wesentlichste des Anspruches ist die Einlagerung von Rasterpunkten in gegerbter Form in eine Kolloidschicht. Die Möglichkeit der Verkleinerung der Rasterpunkte ist dann in der Verwendung irgendeines Lösungsmittels für das Silber gegeben. Prinzipiell wurde also hier ein Patentschutz für eine Sache verlangt, die jeder Photograph bereits gemacht hat: eine Rasteraufnahme auf einer photomechanischen Trockenplatte machen und mit dem seit Jahrzehnten bekannten Hydrochinon-Ätzkali-Entwickler entwickeln, heißt eben auch nichts anderes, als Rasterpunkte in gegerbter Form in ein Kolloid einlagern; denn bekanntlich wirkt jeder Entwickler mehr oder weniger stark gerbend auf die Gelatineschicht.[2]

Als nächstes Verfahren zur Korrektur der Tonwerte in einem gerasterten Diapositiv ist das Phototonätzverfahren (D. R. P. angem.)

---

[1] Siehe EDERS Jahrbuch für Photographie und Reproduktionstechnik 1894, S. 67, 1905, S. 419.

[2] WARNERKE machte 1881 die Beobachtung, daß alkalische Entwicklerlösungen Gerbungen an den Stellen des Silberbildes hervorrufen, indem die Gelatine dort unlöslich wird, wo das im Zusammenhange mit der Reduktion des belichteten Bromsilbers oxydierte Pyrogallol gerbend wirkt. Siehe Phot. Mitteilungen, Bd. 18, S. 98, und 235.

von TRÜMPER, Ing. DETTMANN und Dr. FORSTMANN zu nennen. Die Grundlage dieses Verfahrens besteht ebenfalls darin, daß die Korrektur auf einem Diapositiv nach einem Rasternegativ durch Kontaktkopierung hergestellt wird. Hierbei kann aber jede photomechanische Platte Verwendung finden und die Kopierzeit ist natürlich nur nach Sekunden zählend. Durch eine spezielle Behandlung mit in jedem chemigraphischen Betrieb vorhandenen Mitteln erfolgt eine Beeinflussung des Diapositivs, wodurch es geeignet wird, mit den bekannten Abschwächern geätzt werden zu können. Jene Bildpartien, welche keiner Nachätzung bedürfen, werden in gewohnter Weise mit Asphaltlack und Kreide abgedeckt, während in den offengebliebenen Teilen durch die Ätzung tatsächlich ohne Deckungsverlust die Rasterpunkte stark verkleinert werden können. Es ist nicht notwendig, daß bei diesem Verfahren das Diapositiv verstärkt wird, denn durch die Entwicklung erhält dasselbe bereits eine ganz hervorragende Deckung, die während des ganzen Ätzprozesses regelrecht erhalten bleibt. Das ist sehr wichtig, weil dadurch die Verwendung der Diapositive für das direkte Positivkopierverfahren bestens gewährleistet ist.

Neben anderen Verfahren wurde das in Rede stehende vom Verfasser wiederholt ausprobiert und es gab immer die besten Resultate. Die ganze Arbeit geht nicht bloß rasch vor sich, sondern auch sicher und fordert vor allen Dingen keine Umstellung der sonst in der Chemigraphie gewohnten Beurteilung der Farbenauszüge. Daß man alle Kontraste schärfer und deutlicher herausarbeiten muß wie dies sonst für Buchdruckarbeiten üblich ist, ist ja jedem bekannt, der einmal gerasterte Bilder für den Offsetdruck bearbeitete. Wie bereits erwähnt, können die fertiggestellten Rasterdiapositive direkt auf die Maschinenplatte mittelst des Chromgummiverfahrens kopiert werden, oder man kopiert nach denselben auf photomechanischen Film und erhält solcherart Negative, die dann mit dem Chromeiweißverfahren kopiert werden können. Die letztere Art wird sich besonders dann bewähren, wenn von einem Bild mehrere Nutzen auf die Maschinenplatte gebracht werden sollen, jedoch keine Kopiermaschine vorhanden ist. Nachdem die korrigierten Rasterdiapositive sehr scharfen Punkt haben bei völliger Transparenz der Schicht, gelingt es natürlich leicht, von einem solchen zwei, vier oder mehr Negative zu kopieren — sie werden untereinander vollkommen gleichartig. Namentlich die Verwendung des Typonfilmes ist zur Herstellung der Negative empfehlenswert, da derselbe in der Dunkelkammer bei hellgelbem Licht verarbeitet werden kann, sehr gute Deckung bei völliger Klarheit besitzt und auch in großen Formaten guten Passer gewährleistet.

Als besonders wertvoll mag bei dem Verfahren der Phototonätzung angeführt werden, daß man es bei diesen Diapositiven stets mit schwarzen gut gedeckten Punkten zu tun hat, die die Beurteilung des Bildes wesentlich erleichtern, was bei jenen Methoden, welche sich etwa einer nach der Reduktion der Punkte notwendigerweise vorzunehmenden Verstärkung bedienen müssen, nicht zutrifft. Es ist selbstverständlich, daß

Punkte, welche nicht absolute Deckung aufweisen, dem Retuscheur den betreffenden Tonwert viel heller erscheinen lassen, wie dies etwa nach der Verstärkung der Fall sein würde.

Hinsichtlich der Herstellung der Farbenauszüge für dieses Verfahren möge noch bemerkt sein, daß sich hiezu die panchromatische Trockenplatte (hart arbeitend für Rasteraufnahmen) wie etwa die phototechnische panchromatische Platte, Sorte A, der Agfa oder ähnliches Fabrikat sehr gut eignet, da man mit diesen — gegenüber der Kollodiumemulsion — besser in der Lage ist, die einzelnen, hinter den entsprechenden Filtern hergestellten Negative, richtig durchzubelichten und alle Zeichnung der Vorlage gut zu erfassen. Die nicht immer befriedigende Beschaffenheit der Rasterpunkte auf panchromatischen Trockenplatten stört so wenig, daß man von ihr gar keine Notiz zu nehmen braucht. Dagegen wende man sein Augenmerk mehr der richtigen Wiedergabe aller Details zu. Kopiert man dann die Rasternegative auf gewöhnliche photomechanische Trockenplatten um die für die Phototonätzung nötigen Diapositive zu erlangen, so wird man meist erstaunt sein über die scharfen Rasterpunkte in den Diapositiven, trotzdem dieselben in den Negativen keine Befriedigung boten. Voraussetzung ist lediglich, daß die Rasternegative durch Belassung eines etwas größeren Schattenpunktes beim Abschwächen zum kräftigen Kopieren geeignet sind.

Farbenauszüge mit Kollodiumemulsion sind schließlich ebenfalls geeignet, falls sie unter den gleichen Gesichtspunkten gemacht wurden. Man führe die Vorbelichtung mit einer tunlichst kleinen Blende durch um einen sehr gut gedeckten Punkt zu erhalten. Die Bildexposition hingegen mache man mit der sogenannten Sternblende und schwäche die Negative keinesfalls sehr stark ab; der Schattenpunkt kann groß belassen werden. Die Verstärkung führe man mit dem Kupfer-Silberverstärker durch, ohne nachträgliche Schwärzung mit Schwefelnatrium. Die fertigen Negative haben voll auszusehen und mehr den Eindruck von Halbtonnegativen zu machen.

Die Firma MEISENBACH in München verfügt ebenfalls über ein Verfahren zur Korrektur der Tonwerte in gerasterten Bildern, das dem Aufbau nach eine gewisse Ähnlichkeit mit dem Chromorectaverfahren hat. Es werden von der betreffenden Vorlage zunächst Halbtonnegative erzeugt und diese einer gründlichen Retusche unterzogen, hierauf wird nach diesen in der Kamera ein Rasterdiapositiv gemacht, und zwar auf nassen Kollodium- oder Kollodiumemulsionsplatten. Auf diesem werden jene Bildpartien, welche bereits keiner Korrektur mehr bedürfen, mit Asphaltlack abgedeckt und einer weiteren Abschwächung unterzogen. Bei dieser ganzen Arbeit wird aber die Schicht bis zur Fertigstellung feucht gehalten, was verständlich ist, da jede Abschwächung und eventuelle Verstärkung von Kollodiumplatten nur so lange gut vorzunehmen ist, als die Schicht durch Eintrocknen noch nicht verhornt ist. Angeblich soll bei diesem Verfahren auch die Möglichkeit gegeben sein, Tonwerte dunkler zu gestalten, was durch Anwendung eines Verstärkers zu erzielen ist. (D. R. P. 88 658, Klasse 57 d.)

Bei diesem Verfahren wird also derselbe Umstand ausgenützt, wie ihn jeder Photograph bei der Abschwächung seiner Rasternegative zur Korrektion der Punktgrößen benutzt. Der innere Aufbau der Rasterpunkte. weil in der Kamera hinter dem Raster entstanden, sorgt dafür, daß die Reduktion der Punktgröße durch Abschwächung sich mehr an den Rändern der einzelnen Punkte bemerkbar macht. Der zweifellos auch hier eintretende Verlust an Deckung wird aber vermutlich durch die Verstärkung, die ja bei den Kollodiumplatten immer außerordentlich ausgiebig wirkt, ausgeglichen werden können.

Neben diesen im vorstehenden angeführten Verfahren, die man mit dem Sammelnamen „Diapositivätzverfahren" — eine Verallgemeinerung des sehr glücklich gewählten Namens „Phototonätzung" wäre empfehlenswerter — bezeichnet, gibt es noch ein Verfahren, welches auf anderen Grundlagen basiert und nach Äußerungen des Erfinders in einigen Betrieben eingeführt ist. Es ist dies das E. MÜLLERsche Verfahren (D. R. P. angemeldet) für Farbenoffsetdruck und besteht darin, daß nach der Vorlage Rasternegative hergestellt werden, wobei die Wahl der Blenden und der Rasterdistanz durch einen eigenen besonders konstruierten Kontrollapparat zu erfolgen hat. Die Rasternegative zeigen dann keineswegs den sonst gesuchten scharfabgegrenzten Rasterpunkt, sondern den sogenannten Hofpunkt, d. h. es wird mit Absicht der Aufbau der Rasterpunkte innerhalb der photographischen Schicht in der Weise beeinflußt, daß der Unterschied in der Deckung zwischen Kern und Rand möglichst stark aufscheint. Solche Rasternegative geben dann beim späteren Kopieren verschieden beschaffene Kopien, je nach der Dauer der Kopierzeit, da dann der um die einzelnen Punkte vorhandene Hof sich bemerkbar macht oder nicht. Die Rasternegative werden nun vor dem Kopieren auf der Glasseite retuschiert, und zwar mit Lasurfarbe, und auf diese Weise wird der um die Punkte befindliche Hof auf der Kopie bald stärker bald schwächer bemerkbar sein und einen dunkleren oder helleren Ton entstehen lassen. Selbstverständlich kann bei diesem Verfahren nur dann der angestrebte Erfolg eintreten, wenn die Kopierzeit genau bemessen wird und die Kopierschicht immer die gewollte Dicke hat, was durch genaue Regelung des Aufgusses von Chromeiweißlösung und der Tourenzahl des Schleuderapparates sowie des Lampenabstandes erreicht werden soll.

Ob sich dieses Verfahren auch für Qualitätsarbeit und mit sicherem Erfolg bewährt, ist dem Verfasser nicht bekannt. Der Erfinder selbst behauptet dies in einer lesenswerten Notiz in der Zeitschrift „Deutscher Drucker", 1928, Märzheft, S. 493.

HERMANN SCHÖTT A. G. in Rheydt (Rheinland) meldete ein Retuschierverfahren für Rasternegative an, welches darin besteht, daß getrocknete Kollodium-Rasternegative mit Gelatine übergossen werden, auf welcher die Retusche mit lasierenden Farben gemacht wird. Auch bei diesem Verfahren wird durch die lasierende Farbe ein mehr oder weniger starkes Durchkopieren des um die Rasterpunkte befindlichen Hofes bewirkt.

Zusammenfassend sei im nachstehenden der Arbeitsgang bei den verschiedenen Verfahren wiederholt:

Behandlung

Searssche Methode:	Halbtonnegative — Rasterdiapositive, Korrektur derselben durch Abschwächen — darnach Negative.
Verfahren von E. Bassist:	Rasternegative kopiert auf speziellen Platten die aus einer Metallschicht und darüber befindlicheber Chromkolloidschicht bestehen, herauslösen der Metallschicht zwischen den Kolloidpunkten, teilweise Verkleinerung der unter den Kolloidpunkten befindlichen Metallschicht; es resultieren Diapositive.
Neokolverfahren:	Rasternegative — darnach Kopierung auf mit Harzschicht überzogene Glasplatten, weglösen des nicht belichteten Teiles der Harzschicht, teilweise auch des belichteten Teiles (Punkte) von der Seite her; es resultieren Diapositive.
Verfahren der Deutschen Bildkunst A. G.:	Rasternegative, darnach Diapositive, Behandlung derselben, darnach Negative.
Chromorectaverfahren:	Halbtonnegative — Retusche derselben, darnach Rasterdiapositive, Behandlung der selben durch Abschwächung. Darnach Negative.
Efha-Offsettechnik:	Rasternegative, darnach Kopierung auf spezieller Platte und Korrektur durch Abschwächung. Davon Negative.
Phototonätzung:	Rasternegative, darnach Kopierung auf photomechanischen Platten, Behandlung derselben und Korrektur durch Abschwächung. Davon Kontaktnegative.
Meisenbach-Verfahren:	Halbtonnegative, Retusche derselben, darnach Rasterdiapositive auf Kollodiumschichten und Abschwächung derselben. Eventuell darnach Kontaktnegative.
Müllersches Verfahren:	Rasternegative mit unscharfem Punkt; Retusche derselben auf der Glasseite durch Auftrag von lasierender Farbe.
Verfahren von Schött:	Rasternegative auf Kollodiumplatten. Retusche derselben auf der Schichtseite, die mit Gelatine überzogen ist, durch lasierende Farbe.

Ein eigenartiges Verfahren, das von einer besonderen Behandlung des Rasternegativs bzw. Diapositivs ganz absieht und die notwendige

Korrektur der Tonwerte auf monochrome Teildrucke verlegt, ist das Repetexphotverfahren von JOHN und KIRSTEN in Leipzig (D. R. P. 452.538).[1]

Die einzelnen Phasen des Verfahrens bestehen darin, das zunächst direkte Teilnegative mittelst des Rasters und unter Verwendung von Schlitzblenden hergestellt werden. Nach diesen Negativen wird auf lithographischen Stein kopiert und davon Drucke in schwarzer Farbe gemacht. Die so gewonnenen Drucke werden einer gründlichen Überarbeitung unterzogen und hierauf wieder unter Anwendung des Rasters und einer Schlitzblende photographiert. Die fertigen Negative werden schließlich zum Kopieren auf die Maschinenplatte unter Verwendung der Repetex-Kopiermaschinen kopiert.

Hier möge auch des Chromophotverfahrens der Firma Klimsch & Co. gedacht sein, ein Verfahren, bei welchem die Retusche teils an Halbtonnegativen, teils auf lithographischen Stein zu machen sind. Die Zerlegung der Halbtöne in Rasterpunkte verschiedener Größe erfolgt bei diesem Verfahren während des Kopierens auf dieselbe ähnliche Art, wie sie seinerzeit Dr. E. ALBERT, München, bei seinem Kopierrasterverfahren handhabte. Es sei hier die kurze Beschreibung des Chromophotverfahrens aus den K. F. W.-Nachrichten vom März 1928 wiedergegeben:

„Zunächst werden in einer Reproduktionskamera die benötigten Farbauszüge mit den bekannten panchromatischen Trockenplatten hergestellt, und zwar für gelb, rot, blau je ein Negativ. Da diese Negative als gewöhnliche Halbtonaufnahmen mit Filter hergestellt werden, so besteht bei der Aufnahme keine Gefahr, daß etwa Tonwerte durch die Rasterzerlegung und bei der folgenden Behandlung des Negativs beim Verstärken oder Abätzen verdorben werden könnten. Die Halbtonnegative lassen sich, wenn nötig, in einfachster Weise retuschieren durch partielles Abschwächen oder durch Abdecken mit transparenten Farbstoffen verschiedener Dichte. Die Zerlegung in druckfähige Rasterelemente erfolgt bei dem Chromophotverfahren erst während des Kopierprozesses in dem besonders konstruierten Kopierapparat (Abb. 20). Dieser besitzt ein kräftiges Tragkreuz für den Stein oder für das Fundament der Zinkplatte, welches durch Spindeltrieb gehoben und gesenkt werden kann. Ferner trägt der Apparat eine in der Höhe beliebig einstellbare Spezialbogenlampe und in einem genau zwischen Spitzen gelagerten Rahmen den Chromophot-Kopierraster. Der Stein oder die Zinkplatte wird in einem Schleuderapparat mit elektrischer Wärmestrahlung mit Chromeiweißlösung präpariert und dann auf das Tragkreuz des Apparates gebracht. Dann legt man das Negativ auf, klappt den Rahmen mit dem Raster herunter und bewegt die lichtempfindliche Druckplatte mit Hilfe des großen Handrades langsam gegen die Unterseite des Rasters, bis Raster und Negativ überall Kontakt haben, wobei man kleine Differenzen durch die Nivellierschrauben ausgleicht. Darauf beginnt die Belichtung, die je

---

[1] Siehe auch Deutscher Drucker, Februar 1928.

nach Lampenabstand und der gewünschten Stärke der Kopie etwa 5 bis 20 Minuten dauert. Da von einem Halbtonnegativ kopiert wird, so werden mit längerer Belichtungsdauer immer stärker gedeckte Halbtöne vom Licht mit genügender Kraft durchdrungen, so daß die Punktbildung ganz allmählich in ihrer Stärke fortschreitet. Man kann also bei dem Chromophotverfahren ohneweiters ganz verschiedenartige Kopien von ein und demselben Negativ erzeugen, allein durch Änderung der Kopierzeit. Hinzu kommt noch die Möglichkeit, den Lampenabstand zu verändern (etwa entsprechend dem Exponieren mit verschiedener Blende bei Rasteraufnahmen), und ferner kann man durch Änderung des Rasterabstandes den Charakter der Kopie erheblich beeinflussen. Durch die im letzten Jahre erfolgte Neukonstruktion des Kopiertisches wurde ferner noch ermöglicht, eine Vor- oder auch Nachbelichtung durch den Raster allein ohne Negativ vorzunehmen, so daß man auch dadurch die Kopie weitgehend verändern und zugleich die Kopierzeit wesentlich herabsetzen kann.

Außer durch Veränderung der Belichtungsdauer besteht noch eine weitere Möglichkeit zur Beeinflussung des Bildes in der Entwicklung der mit Farbe eingewalzten Kopie. Da nämlich bei Chromophotkopien die Bildung der Rasterpunkte von einem Kern in der Mitte ausgehend nach außen erfolgt und demnach der Punktrand weniger gehärtet ist als die Mitte, so kann man durch längeres Übergehen des

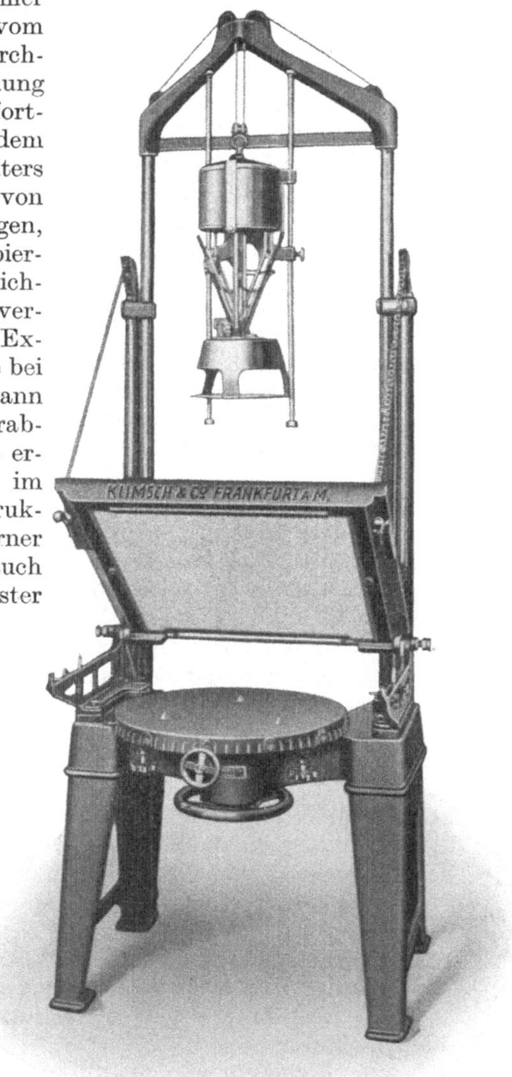

Abb. 20. Chromophotkopierapparat mit Drehvorrichtung

ganzen Bildes oder bestimmter Stellen mit Watte oder Pinsel leicht eine Aufhellung herbeiführen, was in diesem Maße bei Kopien von Rasternegativen ganz unmöglich ist.

Arbeiten nach dem Chromophotverfahren lassen sich mit drei, vier oder auch mehr Farben herstellen, wobei aber nie mehr als drei, höchstens vier Negative benötigt werden. Zur Vermeidung von Moiree müssen bei Arbeiten in wenigen Farben die einzelnen Platten mit verschiedener Rasterwinkelung hergestellt werden, wozu eine besondere Drehvorrichtung in den Apparat eingesetzt wird. Bei Verwendung vieler Farben ist ein Drehen nicht nötig, wodurch die fertigen Drucke ein besonders ruhiges Aussehen erhalten."

Der Verfasser konnte sich überzeugen, daß der Chromophotokopierapparat tatsächlich sehr saubere und glatte Kopien ermöglicht, in denen alle Zeichnung des Negativs gut wiedergegeben erscheint.

Beschaffenheit der Rasternegative für die verschiedenen Verwendungszwecke

Rasternegative für Kopierung auf photolithographisches Papier: Aufnahme ohne Prisma, wenn direkt vom lithographischen Stein gedruckt wird; mit Prisma, wenn vom Stein auf • Maschinenplatte umzudrucken ist. In allen Fällen kräftiger Schattenpunkt und sehr kräftiger Schluß.

Rasternegative für Kopierung direkt auf lithographischen Stein oder Maschinenplatte: Aufnahme ohne Prisma, wenn auf Maschinenplatte zu kopieren ist; mit Prisma, wenn direkt vom lithographischen Stein gedruckt wird. In beiden Fällen normaler Schattenpunkt, sehr kräftiger Schluß in den Lichtern.

Rasternegative für das Reisacherverfahren: Aufnahme mit Prisma. Schattenpunkt normal, Schluß kräftig.

Rasternegative für die Diapositivätzverfahren (Efha-Offsettechnik und Phototonätzung von DETTMANN): Aufnahme ohne Prisma, wenn vom korrigierten Diapositiv ein Film kopiert wird; mit Prisma, wenn vom Positiv direkt kopiert wird (Chromgummiverfahren). Schattenpunkte spitz, Schluß kräftig. (Kopien von Diapositiven direkt auf die Maschinenplatte geben in der Regel etwas hellere Bilder wie bei Verwendung von Negativen und des Eiweißverfahrens!)

Es ist bezüglich der verwendeten photographischen Schicht Rücksicht zu nehmen auf das Aussehen der Negative. So ist namentlich das mit Kollodiumemulsion und Farbstoff B hergestellte Negativ zumeist kräftiger im Schluß zu halten, da erfahrungsgemäß solche Negative etwas weicher kopieren, und zwar wegen der geringeren Schärfe der Rasterpunkte in dieser Schicht.

Das gleiche gilt von den auf photomechanischen Trockenplatten hergestellten Rasternegativen, namentlich wenn dieselben kräftigen Schluß haben. Immerhin wird man aber auch von solchen Negativen bei richtiger Kopierung — vorausgesetzt, daß die Schattenpunkte hinreichende Deckung aufweisen — tadellose Kopien erzielen.

Auf die vorzügliche Verwendbarkeit der photomechanischen Trockenplatten namentlich für Farbenaufnahmen, sei es nun für direkte Kopierung auf Maschinenplatten oder zur Herstellung von Rasterdiapositiven im Kontakt oder in der Kamera, sei speziell nochmals verwiesen.

Viele Versuche, die durch die Praxis immer wieder ihre Bestätigung fanden, zeigten, daß namentlich für die Diapositivätzverfahren gerade jene Rasternegative mit bestem Vorteil zu verwenden sind, welche nicht den von den meisten Autotypiephotographen angestrebten scharfen Rasterpunkt aufweisen. Es ist weitaus richtiger, die Rasterpunkte in den Negativen so beschaffen zu machen, daß hinsichtlich ihrer Deckung ein deutlicher Unterschied zwischen Mitte und Rand entstehen kann. Dieser Bedingung ist leicht zu entsprechen, wenn man die Vorbelichtung mit tunlichst kleiner Blende und sehr lange durchführt, mit anderen Worten: es muß für einen sehr gut gedeckten Kern gesorgt werden. Es ist nicht zu befürchten, daß durch zu lange Vorbelichtung etwa auch ein zu großer, die Zeichnung ungünstig beeinflussender Punkt entsteht; Voraussetzung ist lediglich, daß die Vorbelichtungsblende klein genug gewählt wurde. Es lohnt sich für jeden Photographen, etwa auf einem kleinen Stück einer photomechanischen Trockenplatte dahingehende Versuche anzustellen und zunächst mit einer kleinen Blende (etwa F : 80 bis F : 150) lediglich auf weißes Papier zu belichten, und zwar verschieden lange. Versucht man dann hinterher, diese Aufnahmen mit Blutlaugensalz und Fixiernatronlösung abzuschwächen, so wird man leicht konstatieren können, daß die scheinbar längste Belichtung in der Regel die beste ist. Die Rasterpunkte halten sehr lange der Abschwächung stand, werden zunächst nur immer schärfer und verlieren erst, wenn sie schon überaus klein geworden sind, ihre Deckung.

Damit nun zwischen Kern und Rand der Rasterpunkte ein Unterschied in der Deckung erreicht wird, ist am vorteilhaftesten die sogenannte Sternblende, welche von Professor MENTE angegeben wurde, zu verwenden. Wenngleich bei Verwendung dieser Blende mit der gewöhnlichen Lupe an den Negativen nicht viel Unterschied der Deckung zwischen Mitte und Rand zu sehen ist, gewahrt man denselben doch beim Abschwächen des Diapositivs, welches nach dem mit der erwähnten Sternblende hergestellten Negativ kopiert wurde. Man kann dabei feststellen, daß durch die Abschwächung am Diapositiv die Rasterpunkte ihre Deckung sehr lange behalten und beim Fortschreiten der Abschwächung immer mehr und mehr an Schärfe gewinnen, was außerordentlich erwünscht ist. Diese Erscheinung ist letzten Endes aber auch darauf zurückzuführen, daß die nach obigen Gesichtspunkten hergestellten Negative zunächst lange Belichtungszeiten während des Kopierens auf z. B. Hausleiterplatten und besonders photomechanischen Platten vertragen und bei der letzteren Sorte eine sehr gute Deckung der Rasterpunkte gewährleistet. Ist an der guten Deckung die mögliche lange Belichtung beteiligt, so sorgt aber auch die dadurch mögliche intensive Schwärzung durch den Hydrochinon-Ätzkalientwickler und die damit verbundene Gerbung der Gelatine an jenen Stellen, an welchen sich Rasterpunkte befinden, dafür (siehe auch Fußnote S. 73). Dieses Zusammenwirken von kräftiger Belichtung, kräftiger Entwicklung mit gerbenden Entwickler im Verein mit der Abschattierung des Rasterpunktes (von Mitte zum Rand) sind wesentliche Faktoren für die Möglichleit der Punktverkleinerung durch Abschwächung (mit Silber lösenden Mitteln) ohne wesentlichen Verlust an Deckung bzw. Kopierfähigkeit. Hier möge aber doch festgestellt sein, daß diese Erkenntnis durchaus nicht neu ist. Sie war seit jeher den meisten Photographen geläufig. Wenngleich bei Verwendung von Kollodiumschichten als Aufnahmematerial von einer Gerbung keine Rede ist und die punktverkleinernde Wirkung der Abschwächlösung lediglich auf die eigenartige Topographie des Rasterpunktes zurückzuführen ist, so spielt doch die Gerbung der Schicht bei Verwendung der Trockenplatte eine nicht unwesentliche Rolle und ist in den alten Gebrauchsanweisungen der früheren Firma Jahr für ihre photomechanischen Trockenplatten sehr wohl berücksichtigt. Dort ist in richtiger Erkenntnis der Umstände, zur Erzielung gut gedeckter Rasternegative der Hydrochinon-Ätzkalientwickler empfohlen, da dieser wegen Gerbung der Schicht an den belichteten Stellen das Eindringen des Abschwächers in die Rasterpunkte von oben herab, etwas behindert. Die Abschwächerlösung ist daher gezwungen, an die Rasterpunkte mehr von der Seite her heranzukommen, wo eben weniger Silber gelagert ist, zumal auf eine kräftige Vorexposition mit kleiner Blende verwiesen ist.

Hier mag schließlich nicht unerwähnt sein, daß in einer deutschen Patentanmeldung D. 54443, Kl. 57 d für ein „Verfahren zur Ton- und Farbwertrichtigstellung rastrierter Kopiervorlagen für Druckformen", Patentschutz angestrebt wird. Nach dem Wortlaut der Anmeldung zu urteilen, soll all das, was in den obigen Darlegungen, die, wie bereits erwähnt, jedem Photographen geläufig sind, unter Schutz gestellt werden (siehe auch Photogr. Korrespondenz, 1929, S. 270).

Halbtonnegative, nach welchen etwa nach erfolgter Retusche Rasterdiapositive angefertigt werden, können sowohl mit Kollodiumemulsion als auch — was bei weitem bequemer ist — mit Trockenplatten angefertigt werden. In diesem Falle muß aber das Negativ tunlichst weich gehalten sein, d. h. auch die gedeckteste Stelle muß noch genügend lichtdurchlässig sein. Alle auf solchen Negativen notwendige Retusche soll tunlichst zart ausgeführt werden. Schummerungen mit dem Bleistift pflegen im Diapositiv viel stärker zu kommen als man dies erwartet. Um bestimmte Flächen heller zu gestalten, eignet sich am besten die Verwendung einer lasierenden Farbe (z. B. das bekannte Coxin oder Keilitzfarben), die man mit breitem Pinsel auf die feuchte Schicht in dünner Lösung aufträgt. (Die vorherige Feuchtung der Schicht verhindert die Bildung von scharfen Konturen.)

Praktische Durchführung eines Diapositivätzverfahrens

Nun soll im Nachstehenden einiges über die Herstellung eines Farbenoffsetdruckes an Hand eines Diapositivätzverfahrens, und zwar des Phototonätzverfahrens von Ing. DETTMANN, Berlin, erklärt sein.

Man muß sich vor der Herstellung der Farbenauszüge im Klaren sein, ob man die Kopierung mittels des Chromgummiverfahrens oder Chromeiweißverfahrens machen will. Wer nicht über ein tadellos funktionierendes Chromgummiverfahren und einen sehr geschickten Operateur verfügt, lasse es zunächst lieber beim Chromeiweißverfahren bewenden und gehe erst später einmal zum Chromgummiverfahren über. Um also die Kopierung mit Chromeiweiß durchführen zu können, benötigt man als Kopiervorlagen Filmnegative, die nach den korrigierten Diapositiven anzufertigen sind. Die letzteren sind somit nach Negativen zu machen, welche am photographischen Apparat unter Hinweglassung von Umkehrspiegel bzw. Prisma herzustellen sind.

Die Vorlage (oder mehrere, falls sie im selben Maßstab zu verkleinern sind oder überhaupt zusammenpassen) wird in der üblichen Art und Weise am Apparat befestigt und mit Paßkreuzen versehen. Hiezu empfehlen sich aber Paßkreuze, welche negativ erscheinen, also auf schwarzem Grund, weiße sich kreuzende Linien zeigen. Die Beleuchtung durch die Bogenlampen ist so einzurichten, daß die Vorlage vollständig gleichmäßig beleuchtet ist, wovon man sich sehr genau zu überzeugen hat, da sonst schwer behebbare Fehler in den Negativen auftreten, die sich auf den Positiven später kaum ausgleichen lassen. Ein Aquarell wird bei der Beleuchtung kaum Schwierigkeiten verursachen; doch ist bei Ölbildern nicht selten mit unangenehmen Reflexen zu kämpfen. Um diese zu vermeiden, hat man die Bogenlampen möglichst seitlich zu rücken, so daß das Licht tunlichst schräg einfällt. Sollten noch immer Reflexe (Glanzstelle) übrig sein, so kann man sich durch Überstreichen des ganzen Bildes mit einer Lösung von Eiweiß, 1 : 2 in dest. Wasser und Vermischen dieser Lösung mit gleichen Teilen Glyzerin, sehr gut helfen. Obwohl der Maler des Bildes dieser Überarbeitung nicht beiwohnen braucht — er würde nicht begreifen, daß es keinen Schaden nimmt — muß gesagt werden, daß dieses Mittel ganz unschädlich ist. Allerdings muß dasselbe nach erfolgter Durchführung der Aufnahmen mit dest. Wasser und weichem Schwamm wieder abgewaschen werden, worauf man mit ganz reinem Tuch oder Filterpapier trocknet.

Bezüglich der Negative und Rasterstellung ist zu bemerken, daß dieselben nach den in den betreffenden Kapiteln angeführten Gesichtspunkten anzufertigen sind. Verwendung von panchromatischen photomechanischen Platten sichert gute Farbenauslösung und die Sternblende für zweckmäßig beschaffene Rasterpunkte. Die Negative sollen gründlich durchexponiert sein, wie überhaupt auf die Wiedergabe der Zeichnung, namentlich in den Schattenpartien, besonders zu achten ist. Dies ist wichtiger wie die Beschaffenheit der Rasterpunkte. Die einzelnen Negative sollen im Charakter gut zu einander stimmen, was sich an Hand einer mitphotographierten Grauskala beurteilen läßt. Hat man für die Wiedergabe einer bestimmten Farbe, etwa eines Blau, Grün oder Rot eine besondere Druckplatte vorgesehen gehabt, so braucht man darum keinesfalls ein separates Negativ anfertigen. Es wird einfach von dem geeignetsten Negativ ein separates Diapositiv kopiert, das man dann für die betreffende Farbe herrichtet. Gerade nur bei einer in der Farbe des

Fleischtones zu druckenden Platte ist die Anfertigung eines separaten Negativs empfehlenswert, und zwar in der Rasterstellung der Gelbplatte. Die Belichtung nimmt man lieber sehr knapp, so daß der Fleischton recht offen erscheint. Man kann aber auch die gleiche Belichtungszeit wie für die Gelbplatte anwenden und durch kräftiges Abschwächen des Negativs dieses für den Verwendungszweck geeignet gestalten.

Zur Anfertigung der Diapositive sind photomechanische Trockenplatten ohne Farbenempfindlichkeit, wie sie also für Strichaufnahmen verwendbar sind, sehr geeignet. Die Kopierung erfolgt in einem pneumatischen Kopierrahmen bei einer möglichst punktförmigen Lichtquelle, also einer ganz kleinen Glühlampe oder schließlich auch bei Verwendung einer normalen, lichtschwachen Glühlampe, die man in eine Enrfernung etwa 2 bis 3 m bringt. Solcherart erhält man tadellos scharfe Diapositive, für deren Entwicklung am vorteilhaftesten der Hydrochinon-Ätzkalientwickler zu empfehlen ist.

Die fertigen Diapositive werden schließlich nach einer von Ing. Dettmann angegebenen Methode behandelt, wodurch sie das spätere Abschwächen (Ätzen genannt) sehr gut aushalten, ohne die Deckung einzubüßen.

Die eigentliche Arbeit beginnt nun damit, daß man auf den einzelnen Diapositiven mit Asphaltlack alle jene Partien deckt, welche voraussichtlich richtig im Tonwert sind. Dies zu beurteilen ist natürlich keineswegs aus einem Buche zu lernen; der Retuscheur aber, der bereits mit Farbenätzung in der Chemigraphie betraut war, oder nach dem Reisacherverfahren gearbeitet hat, wird sich sehr bald zurechtfinden. Das während der Deckarbeit am Retuschierpult stehende Diapositiv läßt das ganze Bild sehr gut erkennen und man hat sich nur vor Augen zu halten, daß in den allermeisten Fällen eine besondere Kontraststeigerung der Diapositive anzustreben ist. Man muß mit anderen Worten, im Hinblick auf die Eigenart des Offsetdruckes, alles deutlicher, übertriebener herausdecken, als wie man dies von der Chemigraphie her gewohnt ist. Um also z. B. vom Diapositiv der Gelbplatte zu sprechen, wird man in diesem zunächst alle Partien, welchen reines, tiefes Gelb zukommt, decken und hierauf das Diapositiv ätzen (Blutlaugensalz und Fixiernatron). Nach kurzer Wässerung wird getrocknet (etwa bei einem Ventilator) und nun alle anderen Bildpartien, in denen Gelb enthalten ist, gedeckt, so daß also gerade nur Blau oder Violett offen bleibt. Hierauf wird wieder geätzt, gewässert und getrocknet. Schließlich kann man noch alles decken, so daß nur mehr das reine Weiß, wo also gar kein Gelb hingehört, offen bleibt, um dort die Rasterpunkte völlig wegzuätzen. Hat man die Ätzungen beendigt, so entfernt man vom trockenen Diapositiv den Asphaltlack mit Hilfe von Terpentin und etwas Baumwolle, bzw. fein gesiebten Sägespänen. Nun läßt sich am Retuschpult die Wirkung der einzelnen Ätzstufen gut beurteilen. Sollte irgend eine Bildstelle eine kräftigere Aufhellung notwendig erscheinen lassen, so kann der Vorgang des Deckens und Ätzens ohne weiteres wiederholt werden.

Auf verschiedene nützliche Kniffe möge hier noch verwiesen sein. Reiner Terpentin-Asphaltlack verarbeitet sich schwer und wird nicht rasch genug trocken. Es ist empfehlenswert, dicken käuflichen Asphaltlack mit Xylol zu verdünnen, womit weit angenehmer zu decken ist. Es ist nicht nötig, den Asphalt sehr dick auf die Diapositive aufzutragen; es genügt vielmehr schon ein dünner Belag, durch den man sogar noch die Rasterpunkte hindurchsieht. Um verschwommene Details zu decken, kann lithographische Kreide verwendet werden. Die Wirkung der Ätzung läßt sich gut verfolgen, wenn man außerhalb des Bildes einen kleinen Streifen des dort vorhandenen Tones mit Asphalt in dünner durchsichtiger Lage deckt. Man kann dann beim Ätzen selbst, stets die Veränderung der Punktgröße erkennen, weil die unter dem Asphaltstreifen befindlichen Rasterpunkte verglichen werden können. Wunderbar einfach lassen sich verlaufende Töne ätzen, wenn man den Abschwächer einfach mit einem Pinsel auf das Diapositiv aufträgt. Dies kann man sowohl auf dem trockenen als auch auf dem nassen Diapositiv machen. Mit einem bereitgehaltenen Stück Filterpapier nimmt man den Überschuß des Abschwächers weg und trägt mit dem Pinsel frisch auf. Solcherart lassen sich namentlich bei Maschinenretuschen oder Wolkenpartien die zartesten verlaufenden Töne erreichen. Rasches Trocknen der nach dem Ätzen gewässerten Diapositive bewerkstelligt man durch Abwischen der Platten mit einem vorher gut durchfeuchteten und ausgerungenen Lappen aus Rehleder. Man entferne alles anhängende Wasser auch auf der Rückseite, dann bringe man die Diapositive vor einen Ventilator.

So wie die Arbeit an der Gelbplatte erklärt wurde, wird auch bei den übrigen Diapositiven verfahren. Namentlich die Schwarzplatte benötigt meist eine sehr eingehende Retusche, denn man wird staunen, wie vollkommen die Wiedergabe des Bildes schon mit drei Farben allein ist. Es ist also an der Schwarzplatte recht häufig nötig, daß einzelne Bildpartien ganz entfernt werden. Nun braucht man aber die vollständige Entfernung verschiedener Bildteile nicht immer am Diapositiv durchführen, man kann dies ja auch am Film der nach den Diapositiv zu kopieren ist, durch Decken mit Abdeckfarbe durchführen.

Wenn nun alle vier Diapositive fertig geätzt sind, werden in der schon S. 10 beschriebenen Weise darnach die Filme kopiert. Der zu verwendende pneumatische Kopierrahmen und die weit entfernte Lichtquelle sichern das Zustandekommen absolut scharfer Filmkopien, die, vorausgesetzt ein gutes Material, auch den feinsten Rasterpunkt offen zeigen. Die Belichtungszeit wähle man niemals zu kurz, da sonst die Deckung mangelhaft ist. Sollte die Deckung nicht befriedigen, so kann man durch Verwendung des Quecksilberverstärkers verbessern. Gute Resultate erzielt man lediglich mit einem Film, der keine große Empfindlichkeit hat, dafür aber klar und hart arbeitet. Als ganz hervorragend geeignet muß der Typonfilm D genannt werden, der an sich schon beste Deckung gibt und gegebenenfalls mit dem Quecksilberchloridverstärker und Ammoniakschwärzung bis zur vollständigen Undurchsichtigkeit sich verstärken läßt, ohne die Gefahr, daß die feinsten Rasterpunkte sich zuschließen würden.

Die Wichtigkeit der guten Deckung der Filme muß betont werden, da nur solche Filme einer genügend langen Kopierzeit widerstehen. Und lange Kopierzeit ist wieder von Wichtigkeit für die Lebensdauer der Maschinenplatte.

Wenn man nicht sicher ist, daß die Retusche an den Diapositiven ein farbenrichtiges Bild ergibt (was selten der Fall sein wird), so ist die Anfertigung eines Probedruckes bzw. Andruckes notwendig. Zu diesem Zwecke muß man natürlich nicht die Offsetmaschine heranziehen. Man kopiert die Negative einfach auf kleinere Zinkplatten und läßt sie in der Konterpresse andrucken. Eine solche ist jedenfalls dem Wendum vorzuziehen, da sich bei dieser Art Pressen der Druckvorgang nach ähnlichem Prinzip abwickelt wie in der Offsetmaschine. Beim Andruck ist es nicht ratsam, durch Verwendung von viel oder wenig Farbe eine Annäherung an die Vorlage zu versuchen. Es ist besser, das Farbquantum ganz normal zu nehmen und ein Überwiegen der einen oder anderen Farbe lieber durch entsprechende Retusche der Diapositive zu korrigieren.

Der Andruck und die Skalendrucke geben dem Retuscheur Auskunft, was an den Diapositiven neuerlich zu ätzen ist. Meist ist es das Diapositiv für den Rotdruck, das einer neuerlichen Ätzung unterzogen werden muß. Für die Retusche des Diapositivs für den Schwarz- und für den Blaudruck gibt ein Skalendruck: Gelb-Rot-Blau und ein Skalendruck: Gelb-Rot-Schwarz, gute Anhaltspunkte. Vielfach wird man bemerken können, daß in gewissen Bildpartien die Tiefe noch nicht vollkommen erreicht ist. Dies läßt sich aber sehr leicht korrigieren, indem auf dem betreffenden Diapositiv die Kraftstellen mit Engelrot eingedeckt werden. Diese Art der Eintragung von Tiefen ist ungemein ausgiebig und wirksam. Das Diapositiv mit den eingedeckten Tiefen sieht zwar etwas befremdlich aus, doch vergesse man nicht, daß auf den Drucken die Kontraste nicht so sehr aufscheinen. Zur nachträglichen vollständigen Entfernung von Rasterpunkten in irgend einer Bildpartie ist es ohne weiters zulässig, die Schicht des Diapositivs mit einer scharfen Schabnadel gänzlich zu entfernen. Ist in irgend einer Stelle der betreffende Tonwert schon zu stark aufgeätzt worden, so kann Abhilfe dadurch geschaffen werden, daß man denselben nach der neuesten Patentanmeldung Ing. DETTMANNS mit einem Tangierfell am Diapositiv nacharbeitet. Andernfalls kann man aber auch die betreffende Stelle im Film nachätzen; man muß dazu natürlich alles andere mit Asphaltlack abdecken und verfährt im übrigen so wie bei der Ätzung der Diapositive. Lange kann man allerdings nicht ätzen, da sonst die Deckung verloren geht. Man hüte sich daher, die Diapositive zu weit zu ätzen.

Es ist natürlich ohne weiters zulässig, von ein und demselben Diapositiv mehrere Filme zu kopieren, um durch geeignete Montage ein und dasselbe Bild gleich mehreremal auf der Maschinenplatte zu haben.

Montage der Kopiervorlagen

Die Montage von Kopiervorlagen ist zweifellos dann am besten durchführbar, wenn es sich um Filme handelt, während Glasnegative gewisse Schwierigkeiten machen. Es ist dies auch mit ein Grund für die Beliebtheit des Filmes, gleichgültig, ob es Negative oder Diapositive sind.

Bekanntlich pressen sich die Ecken der Gläser scharf in die mit großem Drucke darüberliegende Zinkplatte; um dies zu verhindern, legt man um das Negativ herum Streifen aus Karton von mindestens derselben Höhe wie die Gläser. Diese zeitraubende Arbeit ist jedoch nur dann möglich, wenn es sich nur um ein oder zwei Negative handelt.

Direkt nach den Negativen hergestellte Filme geben natürlich

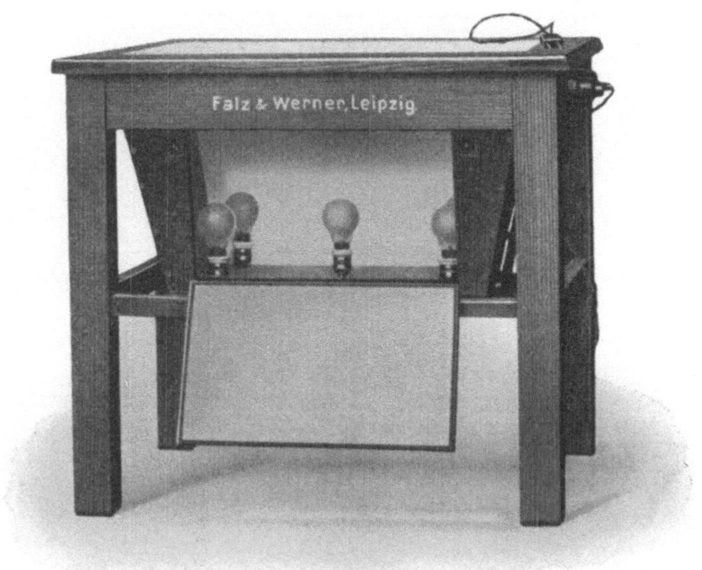

Abb. 21. Montagetisch

Positive und die Montage muß mit diesen erfolgen. Das Kopierverfahren ist in diesem Falle das Chromgummiverfahren.

Will man aber Negative als Filme verwenden, um mit dem Chromeiweißverfahren kopieren zu können, so müßten allerdings diese erst nach den Positiven gemacht werden, was natürlich umständlich und teuer ist, namentlich wenn die Sujets, welche alle auf dieselbe Druckplatte kommen sollen, verschieden sind. Handelt es sich jedoch um ein und dasselbe Bild, das auf der Maschinenplatte nebeneinanderstehen soll, so ist die ganze Sache wesentlich einfacher, da man in diesem Falle nur ein Positiv benötigt, von welchem dann die gewünschte Anzahl von Filmnegativen gemacht werden kann. Arbeitet man etwa mit einer Kopiermaschine, und zwar mit dem Chromeiweißverfahren, so empfiehlt sich ebenfalls die Herstellung von Filmnegativen nach Positiven, obwohl dort auch Glasnegative verwendbar sind.

Die Montage erfolgt entweder auf entsprechend großen Bogen

Zelluloid oder Zelophan. Beide sind gegen Feuchtigkeit unempfindlich und gewährleisten bei entsprechender Dicke ein gutes Passen der einzelnen Nutzen. Man kann aber auch recht gut statt dieser Unterlagen eine Glasplatte (Spiegelglas) verwenden, die aber stets mindestens dieselbe Größe haben muß wie die Maschinenplatte oder besser noch um einige Zentimeter größer sein soll.

Für die Durchführung der ganzen Arbeit empfiehlt sich die Benutzung

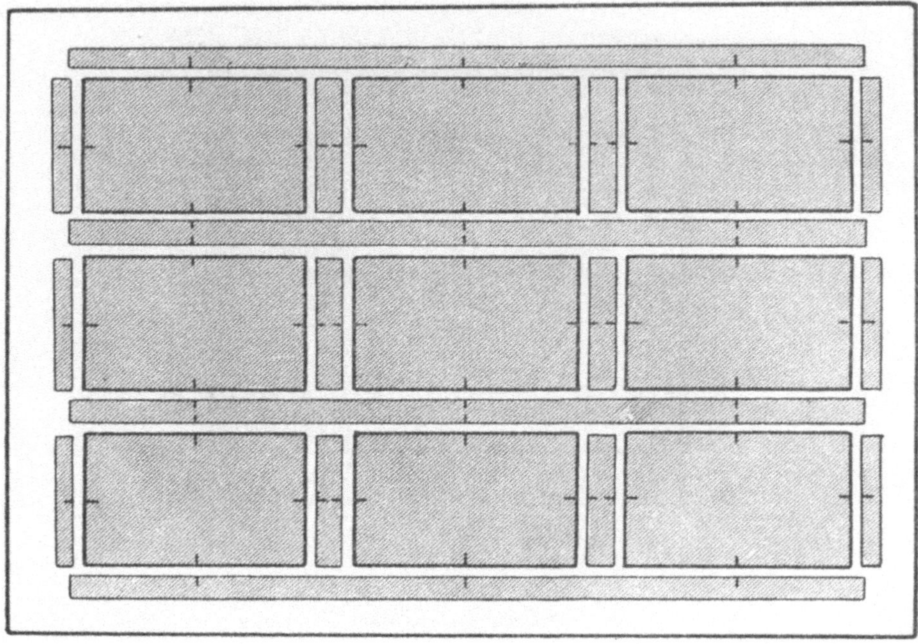

Abb. 22. Montageskizze

eines Montagetisches in einer Ausführung, wie sie in der Skizze (Abb. 21) zu ersehen ist.

Man hat sich vor allem einen Einteilungsbogen auf kräftigem Papier zu zeichnen, der die Größe der Maschinenplatte haben soll. Zunächst zeichnet man die Grundlinie, d. i. eine parallel zur Greifenkante verlaufende Linie; sie soll etwa 5 bis 7 cm vom Papierrand entfernt sein und dient als Grundlage für die übrige Einteilung. Man zeichnet ferner die Stellung der einzelnen Nutzen ein, stets unter Berücksichtigung der nötigen Zwischenräume.

Genau in der Mitte der einzelnen Nutzen (Buchseiten oder Bilder) zeichnet man nun mit Hilfe eines Lineals und Dreiecks die Paßlinien, die vollständig senkrecht aufeinanderstehen müssen (s. Abb. 22).

Den so ausgestatteten Einteilungsbogen bringt man auf den

Montagetisch, legt darüber einen genügend großen Bogen Zelluloïd oder Zelophan und kann nun bei einfarbigen Arbeiten sofort mit dem Auflegen der Filme beginnen. Sollte es sich aber um farbige Arbeit handeln, so ist es vorteilhafter, die Paßlinien auf der Zelluloïdfolie nachzuzeichnen (mit Tusche und Reißfeder). Benutzt man aber für die Montage eine Glasplatte, so kann man auch auf diese sehr gut die Paßlinien zeichnen, wenn man an die betreffenden Stellen vorher Streifen von Zelluloïd klebt (mit Zaponlack). Man muß sich beim Zeichnen der Paßlinien in diesem Falle bemühen, tunlichst senkrecht auf die Glasplatte zu blicken, um wegen der Dicke derselben keine zu großen Fehler zu machen. Kleine Abweichungen, die kaum zu vermeiden sind, machen in diesem Falle gar nichts aus. Hierauf hat der Einteilungsbogen seinen Zweck erfüllt und kann weggelegt werden.

Für die nun folgende Befestigung der Kopierfilme ist es nötig, daß dieselben ebenfalls die Mittellinien zeigen, was man durch Einritzen in den Rand der Filme bewerkstelligen kann. Bei Farbenarbeiten ist es vorteilhaft, wenn schon durch den Photographen die Paßlinien mitphotographiert werden. Mindestens soll durch denselben die längere Mittellinie mitphotographiert werden.

Man beginnt nun mit dem Auflegen der Filme, indem man die Paßlinien in Übereinstimmung bringt, was mit Hilfe eines Winkellineals, das man über den Film legt, leicht zu erreichen ist, worauf dann die Ecken der Filme festgeklebt werden. Zum Kleben von Filmen, sowohl auf Glas, als auch auf Zellon, verwendet man Syndetikon oder die folgende Lösung: 30 g Gelatine in 30 ccm Wasser lösen und 20 ccm Essigsäure zusetzen.

Beim Farbendruck wird man die Montage für die zweite und folgenden Farben stets nach einem Druckbogen der vorhergehenden Farbe vornehmen, da man dabei in der Lage ist, die Differenzen, die sich im Druckpapier ergaben, zu berücksichtigen.

Hat man Negative montiert, so muß der Zwischenraum zwischen den einzelnen undurchsichtig gestaltet werden, was durch aufkleben von Stanniol oder auch schwarzen Papieres erfolgen kann.

Eine andere sehr zuverlässige Methode der Montage von Filmen für den Farbendruck, die auch für Glasnegative oder Diapositive anwendbar ist, ist die folgende:

Man montiert zunächst auf einer Zelluloïdfolie oder auf einer Glasplatte die einzelnen Filme oder Negative für die erste Farbe an Hand eines unterlegten Einteilungsbogen und befestigt dieselben durch Ankleben mit Fischleim oder mit kleinen Papierstreifen. Sobald man nun von dieser Montage einen Druckbogen bekommt, legt man über denselben eine stärkere Zelophanfolie, zeichnet sich auf dieser die Paßkreuze oder Mittelinien durch Einritzen oder mit Ziehfeder und Tusche. Hierauf bringt man die Filme oder Negative auf eine Spiegelglasplatte oder Zelluloïdfolie und legt sie zunächst ungefähr an die richtige Stelle. In jener Folie, in welche man die Paßkreuze eingeritzt hat, stanzt man nun je zwei Löcher — siehe Abb. 23 — derartig, daß diese Ausschnitte ungefähr mit den Ecken der Bilder korrespondieren. Legt man nun diese Folie

über die Filme bzw. Negative, so kann man diese letzteren so lange verschieben, bis ihre Paßkreuze mit jenen auf der darüber gelegten Folie
übereinstimmen. Indem man die Ecken der durch die Ausschnitte frei-
liegenden Filme mit einer Nadel etwas hebt, kann man mit einem Pinsel
genügend Klebstoff auf die Unterlage bringen und durch Zurücklegen
der Filmecken dieselbe zum Festhalten bringen. Abb. 23. Diese Methode
hat den Vorzug für sich, daß die Montage nicht nach einer starren, für
alle Farben geltenden Einteilung erfolgt, sondern daß sie die eventuell

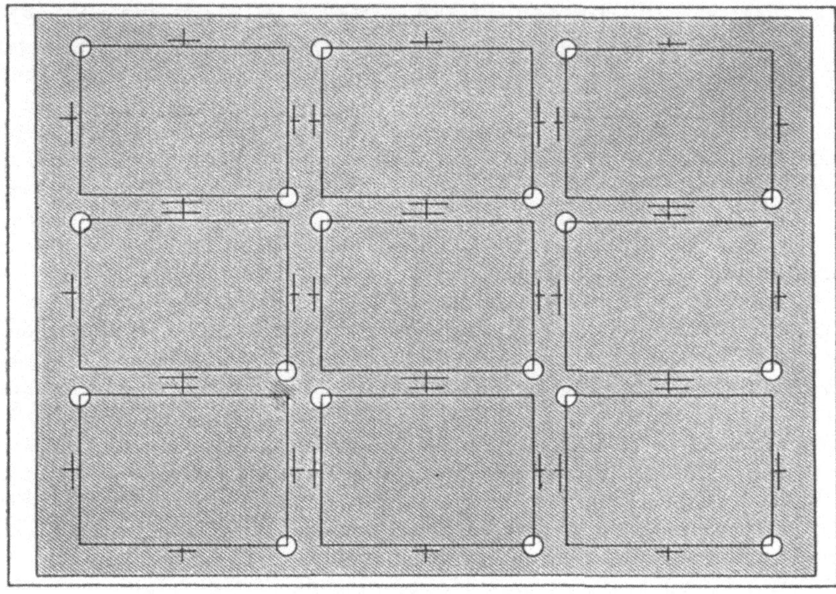

Abb. 23. Montageskizze

nach der ersten Farbe eingetretene Dehnung des Druckpapiers berücksichtigt. Die zur Einrichtung genauen Passens verwendete Zelluloidfolie
welche also die Paßkreuze und eingestanzten Löcher aufweist, kann für
spätere Montagen immer wieder verwendet werden. In einer großen
Mappe flachliegend läßt sie sich dauernd aufbewahren.

Hier möge auch noch einer anderen Art von Montage gedacht sein,
welche sich namentlich bei der Verwendung von Diapositiven bestens
bewährt hat. Man montiert dabei auf eine Spiegelglasplatte die bis zu
1 cm dick sein kann. Als Einteilung dient der unter die Spiegelglasplatte
gelegte, durch Zeichnen gewonnene Montagebogen, andernfalls aber der
Druckbogen der ersten Farbe. Zur Vermeidung der wegen der dicken
Glasplatte auftretenden Paralaxe dient ein sogenanntes Sehrohr,[1] welches

---

[1] Solche Sehrohre liefert die Firma: Dipl.-Ing. Dettmann, Berlin NW,
Dorotheenstraße 19.

über das Paßkreuz des Diapositivs gestellt wird. Beim Durchblicken durch dasselbe sieht man nun das Paßkreuz, das durch Verschieben des Diapositivs mit dem unter der Glasplatte liegenden Einteilungs-, bzw. Druckbogens in Übereinstimmung zu bringen ist. Durch das Sehrohr ist man gezwungen, vollkommen senkrecht auf das Paßkreuz und durch die Glasplatte zu sehen, wodurch die Paralaxe ausgeschaltet wird.

Kopiermaschinen

Mit dem Eindringen photographischer Kopiermethoden in die Flachdruckverfahren — namentlich Offsetdruck — mußte auch etwas dem sogenannten Multiplikationsumdruck Ebenbürtiges geschaffen werden. Unter diesem versteht man nämlich jene Art des Umdruckes, bei der man ein und dasselbe Bild oftmalig auf ein und dieselbe Druckplatte bringt, und zwar neben- und untereinandergereiht, wobei aber die Abstände zwischen den einzelnen Bildern aufs genaueste eingehalten werden müssen. Man ist solcherart in der Lage, die Druckplatte in ihrem Format voll auszunützen. Zur Durchführung eines solchen Umdruckes ist die gewünschte Anzahl von mittels Umdruckfarbe hergestellten Drucken auf einen entsprechend großen Bogen in der erwünschten Aneinanderreihung zu befestigen, was an Hand einer vorgezeichneten Einteilung leicht durchführbar ist, worauf dann nach entsprechender Behandlung die Übertragung vorgenommen werden kann.

Nun ist es auch unter Anwendung der photographischen Kopiermethoden möglich, derartige Aneinanderreihungen von Bildern auf der Druckplatte zu gewinnen und die letzten Jahre brachten für diesen Zweck besondere Einrichtungen, deren Verwendung in amerikanischen Betrieben nach mir zugekommenen Nachrichten durchgreift. Auch in kontinentalen Betrieben werden solche Vorrichtungen bereits erzeugt und verwendet und sind teilweise in der Fachliteratur beschrieben.[1] Man kann sie in zwei Gruppen teilen: Die eine Gruppe umfaßt jene Vorrichtungen, mit deren Hilfe ein sogenanntes Sammelnegativ entsteht, also ein photographisches Negativ, in dem bereits ein und dasselbe Bild in den gewünschten Abständen neben- und untereinandergereiht sich wiederholt und unter Anwendung des bekannten Chromeiweißverfahrens auf die Maschinenplatte kopiert wird.

Die andere Gruppe der Vorrichtungen hingegen besorgt das Aneinanderreihen der einzelnen Bilder während des Kopierprozesses auf der Maschinenplatte in der Weise, daß ein photographisches Negativ (oder Positiv) so oft auf die Maschinenplatte zu kopieren ist, als das Bild eben erscheinen soll, zu welchem Zweck entweder das Negativ oder die Zinkplatte nach jedem einzelnen Kopierakt verschoben werden muß. Selbstverständlich kann das zu kopierende Negativ oder Positiv in sich schon eine mehrmalige Aneinanderreihung eines oder mehrerer Bilder sein.

---

[1] Deutscher Buch- und Steindrucker, 1923 Juniheft, 1924 Juniheft, und Offset-, Buch- und Werbekunst, 1926, Heft 7.

Nachdem es sich also in beiden Gruppen darum handelt, durch Verschieben und Wiederholen eines und desselben Bildes die endgültige Druckform zu gewinnen, nennt man die zur Durchführung gelangenden Verfahren „Schub- und Wiederholungsverfahren".

Es ist zunächst noch nicht zu sagen, welcher der Methoden der Vorzug einzuräumen ist. Beide müssen erst ihre absolute Brauchbarkeit in der rauhen Praxis erweisen. Man muß aber auch sagen, daß einige dieser Maschinen einen Mittelweg gehen und als Kopiernegativ ein solches benutzen, welches schon durch das Schub- und Wiederholungsverfahren entstanden ist, wodurch der Kopierakt eine wesentliche Verkürzung hinsichtlich Zeitaufwandes erfordert und eben nur eine zwei-, vier-, sechs- usw.-fache Aneinanderreihung nötig macht. Dies erscheint darum wichtig, weil die Kopierschicht ihre Qualität nur unter günstigen Umständen einige Zeit unverändert beibehält. Die Kopiermaschinen sind zumeist heute noch sehr kostspielige Einrichtungen, die nur bei intensiver Ausnutzung — was nur im Großbetrieb möglich ist — rentabel arbeiten können. Dort sind sie allerdings außerordentlich brauchbare Helfer, die zur vollständigen Photomechanisierung des Offsetdruckes aufs beste beitragen. Der Wert dieser Maschinen ist heute kein umstrittener, da sie ihre Brauchbarkeit längst erwiesen haben. Sie arbeiten nicht bloß schneller und sicherer wie der Umdruck von Hand, sondern geben auch bessere Qualität. Ihrer allgemeinen Einführung stehen lediglich nur die hohen Kosten für die Anschaffung im Wege.

Abb. 24. Kopiermaschine

Die Meinung mancher Fachleute, daß durch Einführung der direkten Kopie und auch der Kopiermaschinen viele Umdrucker brotlos werden könnten, hat bereits in den letzten Jahren eine Korrektur erfahren und es verhält sich hier genau so wie mit der Einführung der Setzmaschine.

Die erste der Schub- und Wiederholungsmaschinen dürfte die „Photo-Composingmaschine" (Abb. 24, 25) von HUEBNER-BLEISTEIN in Amerika sein, die in zweifacher Ausführung erzeugt wird. Bei der einen Ausführungsform wird die lichtempfindlich gemachte Zinkplatte nach jedem Kopierakt verschoben, was durch Spindeltrieb aufs genaueste sowohl nach vertikaler als auch nach horizontaler Richtung möglich ist. Ein Rahmen, der ein oder mehrere Negative enthält, steht vor der Zinkplatte und wird durch Vakuum an diese angepreßt. Bei der zweiten Ausführungsform bleibt die Zinkplatte während der ganzen Kopierzeit stehen, hingegen ist der Rahmen mit den Negativen beweglich.

Von anderen mehr oder weniger ähnlichen Maschinen wäre die Multiple Duplicating- und die Directo Plate-Maschine anzuführen. In ersterer wird die lichtempfindlich gemachte Zinkplatte, in letzterer das Negativ verschoben.

Von jenen Maschinen bzw. Vorrichtungen, welche das Aneinanderreihen der einzelnen Bilder nicht auf der Kopierplatte, sondern gleich im photographischen Negativ erzielen, wäre die Photolith von BOEDIKER zu nennen, die mittels eines Projektionsapparates das gewünschte Bild auf die lichtempfindliche photographische Platte projiziert, welche nach erfolgter Belichtung verschoben wird. Die Maschine dient weiters aber auch noch als Kopierapparat bis zum Format 125 : 165 cm.

Abb. 25. „Photo-Composingmaschine".

Die Lithotex-, Step- und Repeat-Maschine englischer Herkunft, eine der ältesten in dieser Richtung, arbeitet ebenfalls mit einem Projektionsapparat und verschiebbarer photographischer Platte. In dieser Maschine werden zunächst Sammelnegative hergestellt, was mit Hilfe eines Projektionsapparates geschieht, in welchem die Platte nach empfangenem Lichteindruck jeweils verschoben wird. Das fertige Sammelnegativ wird schließlich im Lithotexkopierrahmen auf die Maschinenplatte kopiert und jeweils verschoben. Der nötige Druck zwischen Negativ und lichtempfindlicher Metallplatte wird durch Vakuum erzeugt.

Die Printex-Negativkopiermaschine, welche die gleiche Fabrik auf den Markt bringt, ist sowohl zum Kopieren für Zinkplatten als auch lithographischen Stein eingerichtet, es können aber auch Negative zu einem Sammelnegativ hergestellt werden, wobei natürlich als lichtempfindliche Schicht Filme oder Trockenplatten Verwendung finden.

Die deutsche Industrie nahm sich ebenfalls um die Schub- und Wiederholungsmaschinen an und sind bereits zwei verschiedene Systeme am Markt. Es ist dies die „Repetex" (Abb. 26) bei der Firma Kirsten und JOHN in Leipzig, welche zum Kopieren auf die Maschinenplatte dient, und ferner die „Addikop"-Maschine, System WALTHER, der Firma MAFFEI in München, welche sowohl zur Herstellung von Negativen durch Aneinanderreihung als auch zum Kopieren auf die Metallplatte dient.

Als jüngste Kopiermaschine kommt hier noch die Repetier-Kopiermaschine der Firma KARL KRAUSE, Leipzig (Abb. 27), in Betracht, welche sowohl zum Kopieren auf Metallplatten als auch auf Maschinensteine bestimmt ist.

Ferner erzeugt das Efha-Rasterwerk in München die Variocombinex, eine Kopiermaschine, welche sowohl gleiche Bilder addiert, wie auch

kombiniert, d. h. es können verschiedene Bilder auf dem lichtempfindlichen Material vereinigt werden, wobei die Kopierung sowohl aufrecht
oder umgekehrt durchführbar ist.

Bei all den angeführten Maschinen handelt es sich also darum,
entweder die lichtempfindliche photographische Platte oder die Zinkplatte nach empfangenem Lichteindruck zu verschieben, um in einem
gewissen Abstand vom ersten Bild ein zweites, drittes usw. zu erlangen.
Daß hierbei der die Verschiebung möglich machende Mechanismus von
höchster Präzision sein muß, ist naheliegend. Tatsächlich wird Genauigkeit
bis zu $^1/_{1000}$ Zoll verbürgt, so daß also auch mehrfarbige Arbeiten angefertigt werden können.

Abb. 26.   Repetex

An Stelle der kompli-
zierten Maschinen bestehen
aber auch noch Kopier-
rahmen,[1] welche ebenfalls
gestatten, daß ein und dasselbe Negativ mehrmals und
in gegebenen Abständen auf
die Maschinenplatte kopiert
werden kann. Hierfür sind
Stahllineale vorgesehen, mit
deren Hilfe das Negativ auf
seinen bestimmten Platz zu
bringen ist.

Man hört mitunter über
die Kopiermaschinen Urteile,
die nicht gerade ermunternd
sind. Es beziehen sich diese
Urteile zumeist auf die Be-
dienung der Maschinen, welche eine außerordentliche Konzentration
des damit Arbeitenden erforderlich machen. Obwohl zugegeben werden
muß, daß die Bedienung der Maschinen nicht etwa irgend einem
Kopierer, dem die Sache nicht sympathisch ist, obliegen soll, so ist
schließlich doch sicherlich der geeignete Mann hiefür zu finden. Mit der
Erscheinung, daß als Folgen des Fortschrittes die an den einzelnen
Operateur zu stellenden Aufgaben immer mehr anwachsen, hat man sich
abzufinden.

Diesem Umstande geben bereits die begrüßenswerten Bildungs-
bestrebungen beredten Ausdruck. Zu ihrer Befriedigung dienen die vielen
Publikationen, Vorträge und Kurse. Daß die letzteren ihren angestrebten
Zweck nicht immer erreichen, mag am Mangel entsprechender Organisation
der Veranstaltungen liegen.

---

[1] Von der Firma GNOTH in Leipzig und HUNTER in London.

Die Übertragungsverfahren durch Kopierung

Die Lichtempfindlichkeit verschiedener Schichten, namentlich der sogenannten Chromkolloidschichten, kann mit außerordentlichem Erfolg für die Übertragung von photographischen Negativen oder Diapositiven herangezogen werden und bildet die Grundlage der modernen Bildübertragung auf die Druckform für den Offsetdruck und auch Steindruck an Stelle des früher dominierenden Umdruckes.

Wert und Überlegenheit der Kopierverfahren bestehen in der größeren Genauigkeit, in der Maßhältigkeit des übertragenen Bildes und vielfach

Abb. 27. Repetier-Kopiermaschine (Krause-Maschine)

schließlich auch in der Schnelligkeit. Die durch Kopierung hergestellten Platten halten überdies die Auflage besser durch, sind also lebensfähiger. In Verbindung mit den modernen Verfahren zur Richtigstellung der Tonwerte in Rasterübertragungen konnte die Dreifarbenphotographie erst richtig dem Offsetdruck dienstbar gemacht werden.

Während früher mit Recht die Ansicht vorwaltete, daß man wohl sehr gut lineare Bilder photolithographisch übertragen könne, hingegen Halbtonbilder kein befriedigendes Resultat zeigen, ist dem heute anders geworden. Zwar lassen auch dem Zweck angepaßte Rasternegative nach der Übertragung auf Stein oder Zink stets zu wünschen übrig — eine Erscheinung, die schon im Verfahren der Rasterzerlegung an sich begründet ist. Man kann aber durch geeignete Verfahren der Retusche auf Rasterdiapositiven alle der Rasterzerlegung anhaftenden Mängel beheben und erhält schließlich Kopiervorlagen, die hinsichtlich des angestrebten Zieles nichts zu wünschen übrig lassen.

Vergleicht man den Aufbau eines umgedruckten Bildes mit dem

durch Kopierung übertragenen, so wird schon auf Grund einer einfachen Überlegung dem letzteren der Vorzug einzuräumen sein. Es ist klar, daß auf einer umgedruckten Platte — namentlich beim Zink, das ja eine mehr oder weniger grobe Körnung zeigen muß — die einzelnen Bildelemente (Rasterpunkte) nicht mit erwünschter Genauigkeit hinsichtlich ihrer Größe und Form übertragen werden können, da doch das Umdrucken ein Anquetschen vorstellt, bei welchem Deformationen des Bildelementes eintreten müssen, wodurch aber auch gleichzeitig Tonverschiebungen zu gewärtigen sind. Die kopierte Platte hingegen wird die Bildelemente so zeigen, wie sie im Negativ oder Diapositiv vorhanden waren: scharf begrenzt und in derselben Größe. Wenn man schließlich noch die Dauerhaftigkeit des übertragenen Bildes studiert, so kann man auch hier wieder zugunsten der kopierten Platte entscheiden, was namentlich auf jene Kopierungen zutrifft, welche zunächst ein negatives Bild entstehen lassen (durch Kopierung eines Diapositivs), das im Verlaufe des Prozesses erst in ein positives umzuwandeln ist. Bei diesem letzteren Verfahren kommt die den Druckkomplex zustande bringende fette Farbe auch auf der grobkörnigsten Platte mit dem Metall in festen Kontakt und gewährleistet die beste Dauerhaftigkeit des Druckbildes.

Von den verschiedenen Verfahren, die zur Kopierung dienen, sind im nachstehenden angeführt:

1. Indirekte Photolithographie auf Papier — das älteste Kopierverfahren, das aber gegenüber der Maschinenplatte keinerlei Bedeutung hat; es wird ab und zu für die Übertragung auf lithographischen Stein benutzt und leistet dort gute Dienste für lineare Darstellungen oder grobrastrige Autotypien; es gehört schließlich aber mehr zu den Umdruckverfahren, da das durch Kopierung gewonnene Bild sich zunächst auf einen provisorischen Träger befindet und von diesem erst durch Umdruck auf die Druckform kommt;

2. das Chromeiweißverfahren zur Kopierung von Strich- und Rasternegativen sowohl auf Zink als auch Aluminium und auch auf lithographischen Stein;

3. das Chromgummiverfahren, auch Positivkopierverfahren genannt. Es ist mit sehr gutem Erfolge ausführbar, benötigt aber als Kopiervorlage Diapositive;

4. das Asphaltverfahren wird relativ selten ausgeübt, und zwar zur Kopierung von Halbtonnegativen auf gekörnten lithographischen Stein, etwa bei der Herstellung von sogenannten Photochromien oder bei der Reproduktion von Stichen.

Die indirekte Photolithographie

Dieses Verfahren bezweckt die Herstellung umdruckfähiger Kopien nach Strich- oder Rasternegativen. Es wird ausschließlich auf lithographischen Stein ausgeübt und steht hinsichtlich Leistungsfähigkeit natürlich nicht auf derselben Stufe wie die direkten Kopierverfahren, da das Bild, wie schon erwähnt, erst durch Umdruck auf den lithographischen Stein übertragen werden muß. Die Übertragungen sind nicht maßhältig.

Zu seiner Ausübung bedarf es des in den Fachgeschäften erhältlichen sogenannten „Photolithographischen Papieres" das in Bogen von der Größe zirka 50:60 cm in den Handel kommt und aus gut geleimten Papierstoff mit darauf befindlicher Schicht aus Gelatine besteht. Dieses Papier ist, wenn es trocken aufbewahrt wird, sehr lange haltbar. Zu seiner Verwendung muß es erst lichtempfindlich gemacht werden, was durch Baden in einer Lösung von nachstehender Zusammensetzung geschieht. Sensibilisierungsbad: 1 l Wasser, 50 g Kaliumbichromat; nach erfolgter Lösung zufügen von Ammoniak, bis die Lösung strohgelb wird. Im Winter kann man zur Erlangung höherer Lichtempfindlichkeit statt des angegebenen Kaliumbichromates 44 g Ammoniumbichromat verwenden. Das Bad wird sehr sauber durch Papier filtriert und bei Nichtgebrauch in einem Kasten aufbewahrt.

Zur Sensibilisierung gießt man ein entsprechendes Quantum des angegebenen Bades in eine geräumige Tasse und legt das photolithographische Papier in diese. Es hat darin so lange zu verbleiben, bis es sich sehr geschmeidig anfühlt, was etwa 5 Minuten dauert. Sollte das Papier die Tendenz haben sich zu rollen, so kann dasselbe auch mit der Schichtseite nach abwärts gekehrt in das Bad gelegt werden, wobei man darauf zu achten hat, daß keine Luftblasen unterhalb des Papieres sich befinden. Nachdem nun das Papier lange genug im Bad verblieben ist, wird es nunmehr auf eine Spiegelglasscheibe aufgelegt und mittels eines Kautschuklineales dort fest angepreßt. Die Spiegelglasscheibe muß aber vorher sehr sauber geputzt werden, was am besten unter Zuhilfenahme von etwas Schlämmkreide und Ammoniak zu geschehen hat, ähnlich wie man dies bei den Gläsern für Negative besorgt. Es ist ferner noch notwendig, die geputzte Glasscheibe mit ein wenig aufgestäubten Talkum (Federweiß) abzureiben und dieses mit einem trockenen Lappen wieder völlig zu entfernen. Das Papier muß blasenfrei auf die Scheibe aufgelegt werden; mit Hilfe eines Bogen Filtrierpapieres entfernt man den etwa noch auf der Platte befindlichen Überschuß an Sensibilisierungsbad. Schließlich stellt man die Glasplatte an einen luftigen Ort oder besser noch vor einen Ventilator, jedoch unter Ausschluß von Tageslicht. Das Bad selbst filtriere man wieder in die Vorratsflasche zurück.

Manche Photolithopapiere haben eine eiweißhaltige Gelatineschicht oder tragen über der Gelatineschicht eine dünne Eiweißschicht; sie geben schärfere Kopien und bessere Lichtempfindlichkeit. Diese Sorten verlangen, wegen der Löslichkeit des Eiweißes in Wasser ein Sensibilisierungsbad folgender Zusammensetzung:

700 ccm Wasser, 50 g Kaliumbichromat, Ammoniak bis zur strohgelben Färbung, 300 ccm Spiritus.

Ist nun das sensibilisierte Papier vollständig trocken geworden, so kann man dasselbe durch Abziehen von einer Ecke aus von der Glasplatte entfernen. Es hält sich in einer lichtdicht schließenden Büchse aus Blech aufbewahrt einige Tage; alt geworden ist es nicht mehr gut verwendbar, da durch Selbstzersetzung die Schicht unlöslich wird bzw. ihre Quellbarkeit verliert.

Zum Kopieren verwendet man wie bereits erwähnt Strich- oder Rasternegative, die, wenn die Arbeit in der Steindruckpresse gedruckt werden soll ohne Umkehrungsspiegel bzw. Prisma hergestellt sein müssen. In diesen Negativen sollen alle durchsichtigen Fehler, Risse, Löcher und auch der Rand mittels Abdeckfarbe undurchsichtig gedeckt worden sein, so daß sich hinterher am lithographischen Stein alle Retusche erübrigt. Hinsichtlich der Qualität ist zu erwähnen, daß das Kopieren umso leichter vorzunehmen ist, je gedeckter die Negative sind. Man kann aber konstatieren, daß gerade bei diesem Verfahren mitunter Negative von sehr geringer Deckung noch verwendbar sind. Rasternegative müssen aber namentlich in den Schattenpunkten eine sehr gute Deckung aufweisen, da bei solchen Negativen nicht richtig bemessene Kopierzeit Verschiebungen der Tonwerte bewirken könnte.

Das Negativ wird zusammen mit einem ebenso großen Stück frisch sensibilisierten Photolithopapieres in einen sehr gut pressenden Kopierrahmen eingelegt und nun dem Tageslicht ausgesetzt. Ist das Negativ von sehr guter Deckung, so kann auch im direkten Sonnenlicht kopiert werden. Bei schlechter Deckung empfiehlt sich aber das zerstreute Tageslicht. Es kann natürlich auch bei elektrischen Bogenlampen kopiert werden, jedoch soll man den Kopierrahmen nicht zu nahe an dieselben heranbringen, da eine eventuelle größere Erwärmung ein Zusammenziehen des Papieres zur Folge hat, was unscharfe Kopien ergeben könnte. Sollte die Glasscheibe des Kopierrahmens verkratzt sein und die Kratzer eventuell einen scharfen Schatten bilden, so muß der Rahmen während des Kopierens einige Male gedreht werden. Die Kopierzeit richtig zu bemessen ist Sache der Erfahrung; allgemein gilt das deutliche Sichtbarsein des Bildes in bräunlicher Farbe als der richtige Kopiergrad, von dem man sich ja schließlich durch Nachsehen überzeugen kann. Dies ist bei den gewöhnlichen Kastenkopierrahmen leicht möglich; diese gestatten, daß man einen Teil des Deckels aufheben kann ohne die Kopie zu verschieben. Kopiert man aber im pneumatischen Kopierrahmen, so ist ein Nachsehen natürlich ausgeschlossen und man kontrolliert die Kopierzeit etwa an der Hand eines Photometers[1], in welches man ein Stückchen sensibilisierten Photolithopapieres eingelegt hat. Das Photometer legt man neben den Kopierrahmen und muß natürlich wissen, bis zu welchem Grade man zu kopieren hat; darüber klärt ein Versuch am besten auf. Im übrigen ist das Photometer auch dann sehr brauchbar, wenn man etwa bei zerstreutem Tageslicht kopieren muß.

Nach beendigtem Kopieren wird nun das Papier aus dem Rahmen genommen und auf einer Glasplatte oder einer alten Steinplatte liegend, sofort mit einer Samtwalze und photolithographischer Übertragungs-

---

[1] Solche Photometer, auch Skalenphotometer genannt, gibt es im Handel in verschiedenen Ausführungen. Am bekanntesten sind: EDER-HECHTS-Kopierphotometer für photographische Kopierverfahren, oder VOGELS-Skalenphotometer.

farbe eingewalzt. Hierbei hat allerdings das Papier die Tendenz sich zu rollen, was sich aber so verhindern läßt, daß man es an der vorderen Kante mit Klammern festhält. Auch kann man als Unterlage ein Brett, das aber vollkommen eben sein muß, verwenden und das Papier mit Reißnägel daran befestigen. Man hat auch für diesen Zweck eigene Vorrichtungen, die z. B. aus einem Brett bestehen, welches an der Schmalseite eine mit Scharnieren daran befestigte, also umklappbare Leiste besitzt. In die Fuge zwischen Leiste und Brett wird nun das kopierte Papier mit dem Rande eingeklemmt und kann sich beim Darüberwalzen nicht mehr rollen.

Die photolithographische Übertragungsfarbe hat man sich vorher schon auf einem Farbstein mit einigen Tropfen Lavendelöl ein wenig geschmeidig gemacht und mit einer Lederwalze gleichmäßig verwalzt. Hierauf rollt man die Samtwalze auf dem Farbstein ab und walzt nun über die Kopie gleichmäßig und immer von jener Seite beginnend, auf welcher das Papier festgehalten ist. Der Farbton auf der Kopie soll keineswegs schwarz erscheinen, sondern grau und tunlichst streifenlos. Hierauf legt man die Kopie in eine Schale mit fließendem Wasser, worin nach einigen Minuten die Entstehung eines Reliefs zu beobachten ist. Erst wenn das Papier der Kopie ganz weich geworden ist und seine gelbliche Färbung verloren hat, bringt man die Kopie wieder auf die Unterlage und walzt nun mit der Samtwalze gleichmäßig ab. Dabei tritt nunmehr das Bild hervor, da von den nichtbelichteten Stellen die Farbe entfernt wird, während sie an den belichteten Stellen verbleibt. An diese wird durch das Walzen sogar noch mehr Farbe angereichert, weshalb man eben beim erstmaligen Aufwalzen niemals zu viel Farbe nehmen darf, da sonst leicht eine Überladung eintreten könnte, was wieder beim Umdrucken ein Quetschen der Striche zur Folge hätte. Durch das Abwalzen mit der Samtwalze wird man aber nicht immer die Kopie vollkommen ausentwickeln können; namentlich an den Stellen wo Striche sehr dicht beisammen sitzen oder in den Schattenpartien gerasterter Bilder, verbleibt mitunter etwas Farbe sitzen. Man tut daher gut mit einem gut durchfeuchteten Bauschen Baumwolle die Kopie sorgfältig abzureiben, wobei den dichtesten Stellen der Zeichnung besonderes Augenmerk zu schenken ist. Ist nun das Bild vollkommen rein und korrekt entwickelt, so bringt man die Kopie noch auf einige Minuten zurück ins fließende Wasser, um alle Spuren anhaftenden Chromsalzes zu entfernen und legt sie schließlich auf ein reines Brett, an welches sie durch einige Reißnägel festzuhalten ist. Häufig steht aber noch viel Wasser auf der Schicht, das man natürlich auch zu entfernen hat, und zwar entweder mit sauberen Filtrierpapier, oder mit einem durchfeuchteten Wildlederlappen. Keinesfalls aber darf man hierbei scheuernde Bewegung machen, da sich sonst die Farbe leicht verwischen könnte.

Bezüglich des Umdruckes der photolithographischen Kopien, siehe unter Umdruck.

Eine wenig bekannte Abart der indirekten Photolithographie, bei welcher sowohl das Aufwalzen von Farbe als auch das Entwickeln und Wässern entfällt und sehr scharfe Zeichnungen ermöglicht sind, ist die Folgende:

Man nimmt einen Bogen sehr gut geleimten Papieres und bestreicht ihn, auf planer Unterlage liegend, mit der nachstehenden filtrierten Lösung: 7 g Kaliumbichromat, 7 g Zucker in Würfeln, 12 g Gummiarab. 100 ccm Wasser. Das Bestreichen besorgt man mit einem breiten weichen Pinsel, während man mit einem zweiten lediglich für eine gleichmäßige Verteilung sorgt. Die Schicht soll nicht zu dünn sein. Freihängend läßt man in der Dunkelkammer den Bogen trocken werden und kopiert dann unter einem Negativ, bis das Bild deutlich sichtbar wird. Hierauf legt man die Kopie mit der Bildseite nach unten auf einen sauberen Bogen Papier und biegt die Ränder derselben etwa einen Zentimeter breit auf, so daß eine Art Tasse entstehen kann. Nun bringt man mit einem sauberen Schwamm reines Wasser reichlich auf die Rückseite der Kopie, so daß sich das Papier reichlich durchfeuchten kann. Die aufgestellten Papierränder verhindern dabei ein übergreifen des Wassers auf die Bildseite. Wenn nun die Schichtseite der Kopie klebrig geworden ist, nimmt man einen eventuellen Überschuß von Wasser auf der Rückseite mit dem Schwamm fort und schneidet die aufgestellten Papierränder mit der Schere weg. Nunmehr legt man die so behandelte Kopie auf einen glatt geschliffenen lithographischen Stein auf, zieht einmal bei mäßiger Spannung durch die Presse, zieht die Kopie von der Steinplatte weg und walzt nun gleichmäßig mit einem Gemisch von Umdruckfarbe und Federfarbe auf. Schließlich wäscht man den Stein mit Wasser und einem Schwamm tüchtig ab und hat nun das Bild tadellos rein und sauber vor sich. Nach dem Trocknen und Abreiben mit Talkum wird in der üblichen Weise weiter behandelt.

(Die Grundlage des Verfahrens besteht darin, daß Chromzucker und Chromgummi im Licht ihre Löslichkeit verlieren und beim Feuchten auch nicht mehr klebrig werden. Die unbelichteten Stellen hingegen quellen beim Befeuchten mit Wasser auf. Beim Umdruck auf den lithographischen Stein übertragen sich nun die feuchten Stellen der Schicht auf diesen und schützen denselben vor dem Eindringen von fettiger Farbe. An den Stellen hingegen, wo sich nicht gequollener Zucker bzw. Gummi befindet [belichtete Stellen] erfolgt auch keine Übertragung desselben auf den lithographischen Stein und die fettige Farbe kann in denselben eindringen.)

Das Chromeiweißverfahren auf Zink

Das Chromeiweißverfahren ist wohl dasjenige, welches im Rahmen photomechanischer Übertragungsarten für den Offsetdruck am häufigsten ausgeübt wird. Seine Ausübung ist eine relativ sicher durchführbare Arbeit, die in der Hand des geschickten Operateurs kaum bebesonderen Schwierigkeiten begegnet. Das Verfahren setzt das Vorhandensein sehr gut beschaffener Negative voraus, welche das Bild in vollkommener Weise enthalten müssen, da man keineswegs mit einer Möglichkeit rechnen darf am kopierten Bild irgendwelche Veränderungen vornehmen zu können. Weder der lithographische Stein noch das Maschinenzink vertragen eine Bearbeitung, ohne daß das Bild und die Druckform selbst Schaden nehmen würde. Es ist daher notwendig, daß alle für diesen Kopierprozeß bestimmten Negative zweckentsprechend sein müssen, was bei den Strichnegativen nicht sehr schwierig zu erreichen ist; hingegen bei den Rasternegativen ganz zielbewußte photographische Arbeit verlangt. Diese liegt zunächst schon in der entsprechenden Retusche des Originales (so weit auf diesem eine solche zulässig ist), ferner in größtmöglicher Steigerung der Kontraste im Rasternegativ und in jüngster Zeit in der Anwendung der Retuschverfahren auf den Raster-

diapositiven. Man kann sagen, daß gerade diese letzteren Verfahren es sind, die das Rasternegativ erst so richtig für den Offsetdruck verwendbar machten, namentlich was den Farbendruck anbelangt.

Zur Ausübung des Chromeiweißverfahrens ist das Vorhandensein einer entsprechenden Einrichtung eine Voraussetzung, die unbedingt aus einer, auch für das größte Format an Maschinenplatten passenden Schleudervorrichtung, einem pneumati

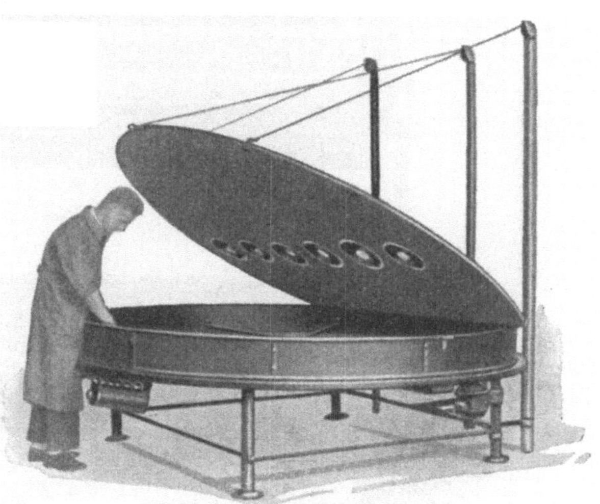

Abb. 28. Schleuderapparat

schen Kopierrahmen sowie einer Beleuchtungseinrichtung, bestehen muß. Ferner ein bis zwei Wässerungströge und einem Holzrost zum Auflegen der großen Zinkplatten, um mit ihnen richtig hantieren zu können.

Bezüglich der Schleudervorrichtung (Abb. 28) sei erwähnt, daß dieselbe entweder mit Handantrieb oder durch einen kleinen Elektromotor angetrieben werden kann. Im letzterem Falle muß durch einen Widerstand die Möglichkeit geboten sein, nach Bedarf einen schnelleren oder langsameren Lauf der Schleuder bewirken zu können. Hinsichtlich der Heizung sind die Schleudervorrichtungen entweder mit Gas oder elektrischen Heizkörpern ausgestattet. Die ersteren sind in der Regel im Betrieb die billigeren; es ist jedoch zu bemerken, daß sie nur in gut ventilierten Räumen empfehlenswert sind, da die Verbrennungsgase die Luft merkbar verschlechtern. Die elektrischen Heizkörper sind in dieser Hinsicht empfehlenswerter und auch reinlicher. Ihre Form ist zumeist die der sogenannten Heizsonnen, d. h. es befindet sich der eigentliche Heizkörper im Brennpunkt eines parabolischen Metallgehäuses, welches sich, an einer biegsamen Stange befestigt, nach allen Seiten bewegen läßt, so daß man die aus dem Gehäuse austretende Wärme von oben herab auf die in Rotation befindliche Zinkplatte lenken kann.

Empfehlenswert sind auch die mit einem Deckel versehenenSchleudervorrichtungen, welche die Wärme natürlich besser halten und das Zustandekommen reiner Präparationen gewährleisten. Abb. 28.

Eine neuartige Maschine, „Fons" genannt, zum Auftragen der Eiweißschicht auf Zinkplatten, brachte vor einigen Jahren die Maschinenfabrik Augsburg-Nürnberg heraus. In dieser Maschine wird die Chrom-

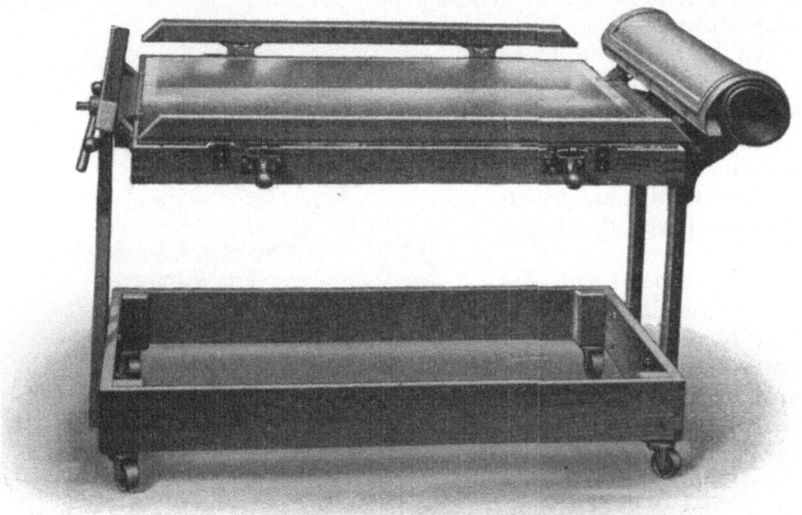

Abb. 29. Pneumatischer Kopierrahmen

eiweißlösung auf die Zinkplatte aufgespritzt (geblasen), wobei sich dieselbe auf einem Zylinder befindet, der während des Spritzens in Rotation gehalten wird. Die Spritzdüse wandert während ihrer Funktion parallel zur Achse des Zylinders hin und her.

Hinsichtlich des pneumatischen Kopierrahmens (Abb. 29) ist zu erwähnen, daß man das notwendige Vakuum am besten mit einer motorischen Luftpumpe erzeugt. Bei einem ganz neuen Kopierrahmen hält das durch eine Handpumpe erzeugte Vakuum meistens während der ganzen Kopierzeit. Wenn man aber den Rahmen einmal schon länger im Betrieb hat, wird man bald sehen können, daß das Vakuum schon nach einigen Minuten verschwindet bzw. nachläßt und die fortwährend Kontrolle ist eine lästige Arbeit. Hat man jedoch eine motorisch betriebene Vakuumpumpe, so kann man dieselbe während der ganzen Kopierzeit laufen lassen und ist sicher, scharfe Kopien zu bekommen. Übrigens erzeugt die Fabrik von Sack in Berlin Vakuumpumpen welche sich automatisch einschalten, wenn das Vakuum im Kopierrahmen nachläßt.

Als Kopierlampen (Abb. 30) empfehlen sich selbstverständlich ausschließlich Bogenlampen von mindestens 16 Ampere und zwar sollen sie zu zwei, bei größeren Formaten jedoch zu vier, beispielweise über den Kopierrahmen hängend angeordnet sein. Die offenbrennenden Bogenlampen mit nach abwärts gerichteten Kohlenpaar geben allerdings häufig zu Klagen Anlaß, da abfallende Kohlenstückchen am Kopierrahmenglas sich markieren. Man kann zwar dadurch einen Schutz vorsehen, daß man einen kleinen Tischventilator seitwärts am Kopierrahmen anbringt und denselben während des Kopierens laufen läßt. Hierbei werden nicht allein die eventuell abfallenden Kohlenstückchen weggeblasen, sondern auch die warme Luft, welche dem Kopierrahmenglas nicht von Nutzen ist.

Um abfallende Kohlenstückchen nicht auf die Kopierrahmenglasplatte gelangen zu lassen, können sogenannte Aschenfangschalen unter jeder Lampe angebracht werden. Eine Glasplatte größeren Formates unter den Lampen angebracht, erfüllt den gleichen Zweck.

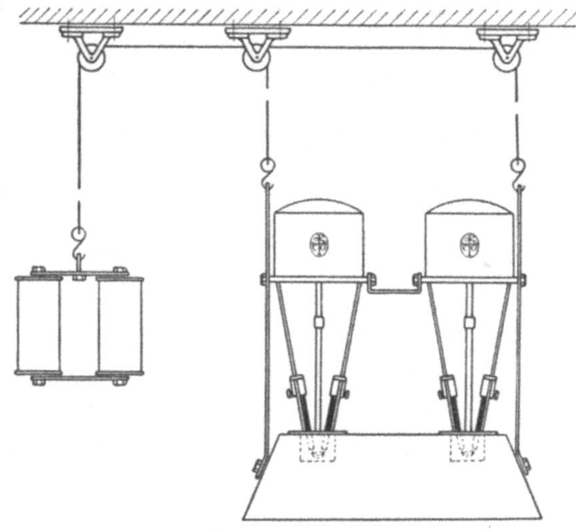

Abb. 30. Kopierlampenschema

In diesem Belange sind die Lampen mit eingeschlossenen Lichtbogen (Abb. 31) weit weniger gefährlich; sie geben viel aktinisches Licht (blau und violett) und bedürfen wegen des geringen Kohlenverbrauches nur einer sehr seltenen Wartung. Allerdings müssen die Glasglocken täglich einmal geputzt werden, da der unvermeidliche Belag an der Innenwand unter Umständen viel Licht absorbiert. Die Wärmeausstrahlung ist nur unbedeutend. In einem größeren Reflektor befindlich, geben diese Lampen auch nach abwärts gerichtet ein sehr gleichmäßiges Licht, das sich über eine relativ große Fläche erstreckt. Zur Beleuchtung eines Kopierrahmens vom Format 100:120 cm sind aber wie bei den offenbrennenden Lampen doch mindestens zwei Lampen erforderlich. Sie können nach Entfernung des Reflektors auch so angewendet werden, daß man das Licht von der Seite her benutzt, wozu aber beim Format 100:120 wohl vier Lampen notwendig sind.

Selbstverständlich lassen sich auch die offenbrennenden Bogenlampen mit übereinander befindlichen Kohlenstiften zur seitlichen Beleuchtung verwenden, doch auch hier findet man bei dem Format 100:120 cm nicht mehr das Auslangen mit nur zwei Lampen.

Die Vorbereitung der Zinkplatten

Die chemische Beschaffenheit des Zinkes ist von weit geringerem Belange wie etwa in der Chemigraphie; immerhin sollen die Zinkplatten tunlichst frei sein von fremden Beimengungen, wie etwa Blei oder Kohle. Von Wichtigkeit ist die plane Walzung bzw. ihre gleichmäßige Dicke, die zwischen 0,6 bis 0,7 mm schwanen kann.

Für den Offsetdruck kommen ausschließlich nur die Zinkplatten mit aufgerauhter Oberfläche in Betracht. Diese Aufrauhung erzielt man einzig und allein nur durch Anwendung der Körnermühle, da man in dieser das gewünschte spitze Korn von bester Gleichmäßigkeit und notwendiger Feinheit erhalten kann.

Die Körnung, die wie erwähnt für den Offsetdruck wegen der Feuchtung eine Notwendigkeit ist, läßt sich in einer Körnermühle erreichen, in welcher feiner Sand beschwert durch Kugeln aus Glas oder Porzellan durch schüttelnde Bewegung in horizontaler Richtung über die Zinkplatte geführt wird. Je nach der Feinheit des Sandes, der Zahl der Kugeln und der Zeit der Behandlung erhält man verschieden feines oder grobes Korn. Will man schon in Verwendung gestandene Platten schleifen, so ist zunächst die alte Zeichnung zu entfernen, was durch abwaschen mit Terpentin zu geschehen hat, worauf man noch mit Lauge (70 g Ätznatron auf 1 l Wasser) und Bimssteinmehl unter zu Hilfenahme einer Bürste oder eines groben Lappens so lange abreibt, bis die Platte blank geworden ist.

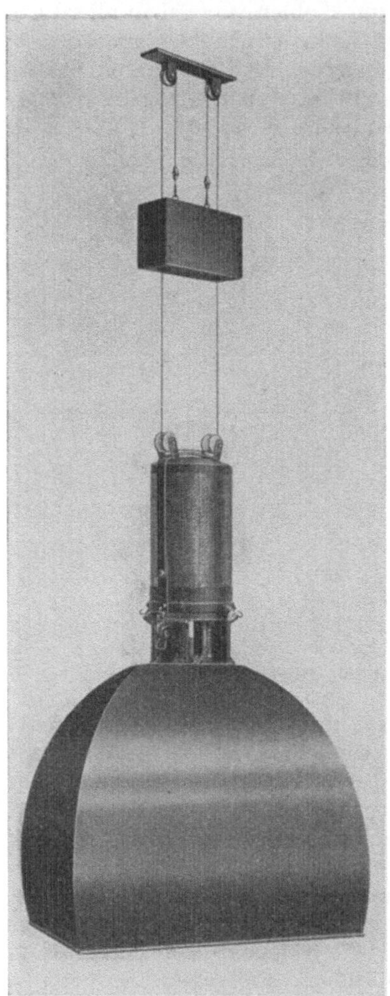

Abb. 31. Hochspannungsbogenlampe

Neue Platten werden ebenfalls mit einem Lappen oder einer Bürste und Bimssteinmehl sowie Lauge bis zum Blankwerden abgerieben.

In beiden Fällen ist dann schließlich die gereinigte Zinkplatte sehr gründlich mit Wasser abzubrausen und mit reinem Lappen trocken zu wischen.

In der Körnermühle befestigt man die Platte mit zwei Nägel, bringt die Kugeln, das Schleifmaterial sowie etwas Wasser darauf und lasse dann die Maschine laufen. Diese muß vollkommen horizontal stehen und einen raschen Lauf haben. Man hat auf einen Quadratmeter ungefähr einen halben Liter Sand zu verwenden, sei aber mit dem Wasserzusatz sparsam. Man kann durchschnittlich rechnen, daß man sowohl Sand als auch Wasser für jede Platte etwa dreimal zu erneuern hat und in 30 bis 50 Minuten mit dem Schleifen einer Platte fertig wird. Natürlich hängt die Qualität des erzielten Kornes wesentlich von der Feinheit des Sandes und der Kugelgröße ab und man wird finden, daß große Kugeln und grober Sand ein grobes Korn ergeben, während mit feinem Sand und kleinen Kugeln auch ein feineres Korn erzielt wird. Für Platten zum Umdrucken kommen Kugeln aus Glas oder Porzellan von etwa 18 bis 20 mm Durchmesser zur Verwendung, bei Anwendung von Bimssteingrieß oder groben Sand und einer Schleifdauer von etwa 30 Minuten. Für Kreidezeichnungen oder Kopierungen verwendet man besser Kugeln von 22 mm Durchmesser und feinen Sand, bei einer Schleifdauer von etwa 45 bis 60 Minuten.

Als Schleifmaterial benutze man keine tonerdehaltigen Sande, da diese lehmige Substanzen ablagern und einen festsitzenden Überzug bilden. Auch Schmiergel gibt einen braunen Überzug.

Kugeln, die nicht mehr ihre ursprüngliche runde Form besitzen, verwende man nicht mehr, da sie zu Streifenbildung Anlaß geben können. Schleift man mit dem anfänglich gegebenen Schleifmaterial sehr lange, so entsteht allemal ein feineres Korn.

Die fertig geschliffene Platte ziehe man während des Ganges aus der Maschine heraus um Streifenbildung zu vermeiden, brause sie kräftig unter einem Wasserstrahl ab und bringe sie rasch zum Trocknen; am besten beim Ventilator.

Die Präparation der Zinkplatten

Das für die Herstellung der Chromeiweißlösung notwendige Eiweiß gewinnt man entweder aus frischen Hühnereiern oder man nimmt es als käufliches, trockenes Produkt. Vielfach wird dem frischen Eiweiß der Vorzug gegeben, da das getrocknete Produkt mitunter verfälscht ist und dann keine guten Resultate gibt. Bei renomierten Firmen wird man aber auch das trockene Eiweiß in sehr guter Qualität bekommen.

Das aus frischen Hühnereiern kommende Eiweiß muß erst durch Schlagen zu einem dicken Schaum gereinigt werden. Es würde sich nicht ohneweiters in Wasser auflösen und auch nicht rein genug sein; schlägt man es aber zu Schaum und läßt diesen dann einige Stunden, am besten über Nacht stehen, so setzt sich daraus eine ganz klare und reine Flüssigkeit, das Eiweiß, ab, das sich nun in beliebigem Verhältnis mit Wasser verdünnen läßt.

Die meisten Rezepturen sind für die Verwendung trockenen Eiweißes geschrieben. Will man diese für das aus Hühnereiern frisch gewonnene Eiweiß verwenden, so hat man das letztere als eine Lösung von 3 g Eiweiß in 20 ccm Wasser anzusehen (durchschnittlich).

Das zweite wichtige Produkt für die Herstellung der Chromeiweißlösung ist das Chromsalz selbst. Man verwendet hierfür das Ammoniumbichromat, teils auch das Kaliumbichromat. Das erstere hat eine etwas bessere Lichtempfindlichkeit gegenüber dem letzteren, welches aber etwas härter kopiert. Mit Erfolg werden auch die beiden Salze in Mischung verwendet. Das Verhältnis von Chromsalz zum Eiweiß ist in der Regel 1:3 bis 1:6, während das Verhältnis von Eiweiß zu Wasser außerordentlich schwankend ist. Es beträgt durchschnittlich 1:30. Es muß aber gesagt werden, daß die Konzentration der Chromeiweißlösung in einem gewissen Einklang stehen muß mit der Schnelligkeit mit der die Platten geschleudert werden.

Eine sehr brauchbare Rezeptur für die Zusammensetzung der Chromeiweißlösung ist die Folgende:

> 15 g Ammoniumbichromat
> 5 g Kaliumbichromat
> 65 g Eiweiß
> 1000 ccm Wasser dest.
> Ammoniak bis zur Strohgelbfärbung.

Die Verwendung destillierten Wassers ist sehr empfehlenswert. Die Lösung des Eiweißes erfolgt schneller, wenn man dasselbe in einer Reibschale etwas zerkleinert (nicht ganz fein pulverisieren). Auch kann lauwarmes Wasser verwendet werden.

Die fertige Lösung filtriere man durch einen größeren Baumwollbauschen einige Male; sie ist in einer dunklen Flasche aufbewahrt wochenlange haltbar.

Die Präparation

Ehe man an die Präparation der Platte geht, muß man dieselbe vorerst einer „Entsäuerung" unterziehen, was darin besteht, daß sie flachliegend, mit der nachstehenden Lösung, die man in einer Flasche bereithält übergossen und mit einer Borstenbürste in kreisenden Bewegungen abgerieben wird. Entsäuerung: 5000 ccm Wasser, 200 g Alaun, 20 ccm Salzsäure, 12 ccm Eisessig.

Hierauf spült man mit Wasser sehr gründlich ab, legt die Platte auf einen Holzrost, so daß eine der langen Kanten über denselben hinaussteht (zum Operateur gerichtet), lasse alles Wasser gut ablaufen und gieße dann entlang der langen Kante ein Quantum der filtrierten Eiweißlösung auf. Indem man den Rost mit der Platte dabei etwas schräg hält (aufgestützt auf den Wasserleitungstrog), kann man es bei einiger Geschicklichkeit bewerkstelligen, daß die aufgegossene Eiweißlösung derartig über die Platte fließt, daß alles noch anhaftende Wasser von derselben verdrängt wird. Nun läßt man allen Überschuß der Eiweißlösung ablaufen und wiederholt den Aufguß ein zweites Mal, wobei man aber diesmal nicht mehr alles abfließen läßt, sondern einen größeren

Teil auf der Platte beläßt und diese sofort auf das Kreuz der Schleudermaschine bringt, befestigt und auch schon bei eingeschalteter Heizvor-
richtung mit dem Drehen an der Kurbel beginnt. Anfangs dreht man
nur langsam um dann immer schneller zu werden. Man kann das alsbald
beginnende Trocknen der Schicht sehen. Wurde anfangs das Drehen
zu rasch vorgenommen, so resultiert eine Schicht, die in der Mitte der
Platte zu dünn ist. Ist die Platte trocken geworden, so muß sie sich gut
handwarm anfühlen. Sollte sie aber zu heiß geworden sein, so kann durch
diesen Umstand die Schicht unlöslich werden. Die Schnelligkeit mit
der sich die Platte zu drehen hat, hängt wesentlich von der Dicke der
Chromeiweißlösung (Wassergehalt) ab. Dünne Lösungen machen ein
langsameres Drehen notwendig, während dickere Lösungen ein rascheres
Drehen notwendig haben. Hier das richtige Maß zu treffen ist Sache
der Übung. Dickere Schichten bedingen übrigens ein längeres Kopieren
und verlangen bei Rasternegativen solche mit größeren Schattenpunkten.

Die eben von der Schleudermaschine kommende Platte muß in
handwarmen Zustand sofort in den pneumatischen Kopierrahmen eingelegt werden. Um ohne viel Umstände den richtigen Platz zu treffen,
ist es vorteilhaft, sich mit Kreidestrichen am Kopierrahmenglas die
Ecken der Zinkplatte zu markieren, oder auf einen Bogen Papier auf
welchen die Negative montiert sind, die Kanten der Zinkplatte anzu-
zeichnen. (Siehe Montage.)

Hat man schließlich mit der Hand- oder Motorpumpe das entsprechende Vakuum erzeugt, so kann man mit dem Kopieren beginnen.
Die Dauer der Kopierzeit hängt wesentlich von der Stärke der Bogenlampen, ihrer Zahl und Entfernung vom Kopierrahmen ab. Ferner
haben darauf noch Einfluß die Beschaffenheit des Negatives und der
Kopierschicht. Im übrigen klären bei ganz neuen Verhältnissen, oder
wenn man überhaupt das erstemal arbeitet einige Versuche bei verschieden langen Kopierzeiten entsprechend auf. Man kann ja versuchs-
halber auf ein und derselben Platte durch Abdecken mit einem Karton
verschieden lange Kopierzeit geben und bei der späteren Entwicklung
der Platte mit Leichtigkeit die beste Kopierzeit konstatieren.

Nach Beendigung der Belichtung hebt man durch Öffnen des Ab-
sperrhahnes, oder gleich durch Heben der Gummidecke das Vakuum
auf und nimmt dann die Platte aus dem Kopierrahmen um sie auf einen
ganz planen Tisch zu legen. Hier soll sie nun sehr bald mit Kopierfarbe
eingewalzt werden. Um die Kopierfarbe leicht in die Vertiefungen des
Kornes hinein zu bekommen, ist es vorteilhaft, zum Auftragen der Farbe
eine Samtwalze zu verwenden, oder die Farbe zunächst in verdünnter
Form mit einem weichen Lappen, Flanell oder Filz, über die Platte zu
verreiben und dann erst zu verwalzen. Man verfährt dabei so, daß man
ein Gemisch von Federfarbe und Umdruckfarbe (etwa 2:1) auf einem
Farbstein zurecht richtet und zunächst mit einer rauhen Lederwalze
verwalzt. Am Rande des Farbsteines verdünnt man sich ein kleineres
Quantum von dem gleichen Farbgemisch mit Terpentin (echt) durch
Verreiben mit einem Filztampon. Wenn man schließlich eine homogene

Mischung zustande gebracht hat, die dünn genug ist, so wischt man diese über die Kopie in gleichmäßigen aneinandergereihten Streifen. Nun wird mit der rauhen Lederwalze gleichmäßig und unter entsprechenden Druck alles sauber verwalzt bis alle Streifen verschwunden sind und eine gleichmäßige graue Färbung resultiert. Die Farbe soll keineswegs satt schwarz aussehen, da sonst das Entwickeln erschwert sein würde und überdies die Zeichnung leicht zu breit werden könnte. Eventuell läßt sich das Einreiben mit Farbe und nachherigem Verwalzen wiederholen.

Hierauf legt man nun die Platte in eine große Schale mit reinem Wasser und beläßt sie einige Minuten ruhig liegen, um dem Wasser Zeit zu lassen, durch die Farbe hindurchsickern zu können, worauf man dann mit einem Stück Baumwolle an einer Ecke unter Wasser leicht zu reiben beginnt. Sollte hier an den nicht belichteten Stellen die Farbe bereits leicht zu entfernen sein, so kann man ohneweiters gleich über die ganze Platte gehen, indem man mit der Baumwolle unter leichtem Druck in kreisenden Bewegungen darüber reibt. Stets unter Wasser! Vorausgesetzt richtige Schichtdicke und Kopierzeit, wird allmählich das ganze Bild sauber zum Vorschein kommen und die Farbe nur dort verbleiben, wo die Schicht belichtet wurde. Alle anderen Stellen haben vollkommen rein zu werden. Namentlich bei Kopien nach Rasternegativen muß man in den Schattenpartien genau hinsehen, ob auch tatsächlich alle Punkte aufentwickelt sind.

Sollte schon bei geringer Berührung mit der Baumwolle etwa auch der belichtete Teil der Schicht, also das Bild, sich wegwischen lassen, so ist dies ein Zeichen, daß die Kopierzeit zu kurz bemessen war. Anderseits kann auch bei kräftigem Reiben das Bild nur sehr schwer oder auch garnicht zum Vorschein kommen, was ein Zeichen für zu reichlich bemessene Kopierzeit ist. Es kommt dieselbe Erscheinung auch vor, wenn die Platte beim Schleudern zu warm geworden ist.

Es kann aber auch vorkommen, daß eine kopierte Platte das Bild sehr schön offen zeigt und doch entspricht es nicht. Zu dicke Schicht und etwas reichliche Kopierzeit wird immer sehr kräftige Platte bringen, hingegen wird eine mehr dünne Schicht und knapp bemessene Kopierzeit ein recht offenes und graues Bild hervorbringen. Hier das richtige Maß zu treffen ist wieder Sache der Übung und Erfahrung und kann kaum aus einem Buche restlos gelernt werden.

Ist die Platte nach der Entwicklung als brauchbar anzusprechen, so nimmt man sie aus der Wasserschale, spült sie unter fließendem Wasser gründlich ab und bringt sie sofort vor einem Ventilator zum Trocknen. Das Trocknen muß rasch geschehen, um der Bildung von Oxyd vorzubeugen. Trocken geworden, wischt man sie nun mit einem großen Bauschen Baumwolle und reichlich Talkum ab, worauf sie schon an die Druckerei abgegeben werden kann. Öfters sind kleinere Retuschen vorzunehmen, Ausbesserungen von Linien, was am besten sofort nach dem Trocknen unter Verwendung von satt angeriebener lithographischer Tusche zu geschehen hat. Allerdings muß für die Retusche die betreffende Stelle oder gleich die ganze Platte „entsäuert" werden, da sonst die Tusche keineswegs halten würde.

Fehler außerhalb des Bildes, wie etwa Flecken, welche durchkopiert haben, kann man vor dem Trocknen der Platte mit Bimsstein wegschleifen, doch soll man die Notwendigkeit zu derartigen Ausbesserungen tunlichst vermeiden, da solche Stellen später gerne Ton ansetzen.

Chromeiweißverfahren auf lithographischen Stein

Das Chromeiweißverfahren auf lithographischen Stein ausgeübt, gibt auch auf diesem Material ausgezeichnete Resultate, welche vorzügliche Druckfähigkeit besitzen.

Es lassen sich mit gleichgutem Erfolge Strich- als auch Rasternegative auf Stein kopieren, doch ist natürlich gerade die Verarbeitung großer Formate hier mit Schwierigkeiten sowohl wegen des Gewichtes, als auch wegen der selten sehr planen Oberfläche der lithographischen Steine verbunden.

Von großem Einfluß auf das Resultat ist die Porosität der Steinplatte; am geeignetsten sind dichte harte Steine von grauer bis dunkelgrauer Färbung, sie verschlucken nicht so sehr die Chromeiweißlösung wie sehr saugfähige Steine. Jedoch hat man in der sogenannten Unterpräparation ein Mittel, mit welchem man auch gelbe poröse Steine sehr gut verwendbar gestalten kann. Es besteht darin, daß man auf die Steinplatte zunächst eine Chromkolloidschicht aufbringt und durch Belichtung unlöslich werden läßt. Diese Schicht verschließt die Poren der Steinplatte und es kann nachher auf diese unlöslich gewordene Schicht die eigentliche Kopierschicht aufgetragen und in der üblichen Art und Weise weiter verarbeitet werden.

Vorbereitung der Steine

Zur Verarbeitung kommen nur lithographische Steine, die von Hand oder Maschine glatt geschliffen sind. Auf ebenen Schliff ist besonders zu achten und man unterlasse es nicht, sich von der Qualität des Schliffes zu überzeugen, indem man ein Stahllineal in der Diagonale über die Steinplatte legt und gegen das Licht durchschaut, oder ein Stückchen sehr dünnes Seidenpapier (Zigarettenpapier) unter das Lineal legt; es darf sich das Papier nur mit einem gewissen Widerstand unter dem Lineal wegziehen lassen. Dort, wo man aber keinen Widerstand verspürt, und das Papier leicht wegzuziehen ist, da ist eben eine hohle Stelle, die beim späteren Kopieren zu Unschärfen und namentlich bei Rasternegativen zu Flecken Veranlassung gibt.

Bevor man einen Stein, der schon fertiggeschliffen und als brauchbar zum Kopieren befunden wurde, in Verwendung nimmt, wird man immer kurz vorher noch einmal mit feinstem Schmiergelschleifstein leicht übergehen, gründlich mit Wasser abspülen und rasch trocknen. Die Nähe eines Ofens, namentlich in der kalten Jahreszeit, ist hierfür sehr geeignet, ebenso ein Gasofen. Es schadet durchaus nichts, wenn der Stein dabei warm wird.

Die Vorpräparation setzt man sich einfach dadurch zusammen, daß man die sonst zum Kopieren verwendete Chromeiweißlösung mit Wasser auf die Hälfte verdünnt und etwas Gelatine zusetzt. Oder man verwendet folgende Vorschrift:

4 g Gelatine, 2 g Ammoniumbichromat, 200 ccm Wasser.

Die Lösung soll man wegen des Gelatinegehaltes zur Verarbeitung im Wasserbad warm halten.

Die Verwendung soll nach folgenden Gesichtspunkten erfolgen: Man nehme niemals eine dicke Schicht, sondern bei gelben sehr porösen Steinen lieber eine zweimalige Präparation. Man trägt mit einem breiten Haarpinsel ein kleines Quantum der Lösung auf den vorher gut gewärmten Stein, verstreicht nach allen Seiten gründlich, und wartet etwas, bis sich ein Teil in den Stein eingesaugt hat; dann beginnt man auf der Schleudervorrichtung den Stein in rotierende Bewegung zu versetzen, unter gleichzeitiger Wärmezufuhr. Ist dann nach einiger Zeit die Schicht trocken, was sich an geringem Glanz erkennen läßt, so bringe man dieselbe an das Tageslicht oder gegenüber einer elektrischen Bogenlampe, um sie ganz gründlich durchzukopieren. Die ganze Unterpräparation hätte vollständig ihren Zweck verloren, wenn die Kopierung nicht sehr gründlich, also bis zur vollständigen Unlöslichkeit der Schicht dauern würde. Solch vorpräparierte Steine kann man immerhin bis zu einigen Tagen aufbewahren (an einem trockenen Ort).

Die Präparation

Abb. 32. Stein auf der Schleudermaschine

Für die Präparation der Steinplatte bedient man sich einer Chromeiweißlösung der folgenden Zusammensetzung:

6 g Eiweiß
4 g Ammoniumbichromat
200 ccm dest. Wasser
Ammoniak bis zur Strohgelbfärbung.

Diese Lösung ist für die Präparation in der Schleudervorrichtung bestimmt. Will man die Präparation durch Aufstreichen mittels eines Tampons vornehmen, so ist statt 200 ccm Wasser nur etwa 100 ccm zu nehmen.

Man bringt den an einem Ofen durchwärmten Stein auf die Schleudermaschine (Abb. 32), gießt ein reichliches Quantum der gut filtrierten Chromeiweißlösung auf, sorgt durch Verwendung eines sehr sauberen Haarpinsels für entsprechende Verteilung bis an die Kanten und bringt schließlich die Schleudermaschine in rotierende Bewegung. Hat man

eine elektrische Sonne zur Verfügung, so bringt man dieselbe in eine
Stellung, daß die Wärmestrahlen die Steinplatte während der Drehung
treffen. Man kann alsbald sehen, daß die Schicht zu trocknen beginnt,

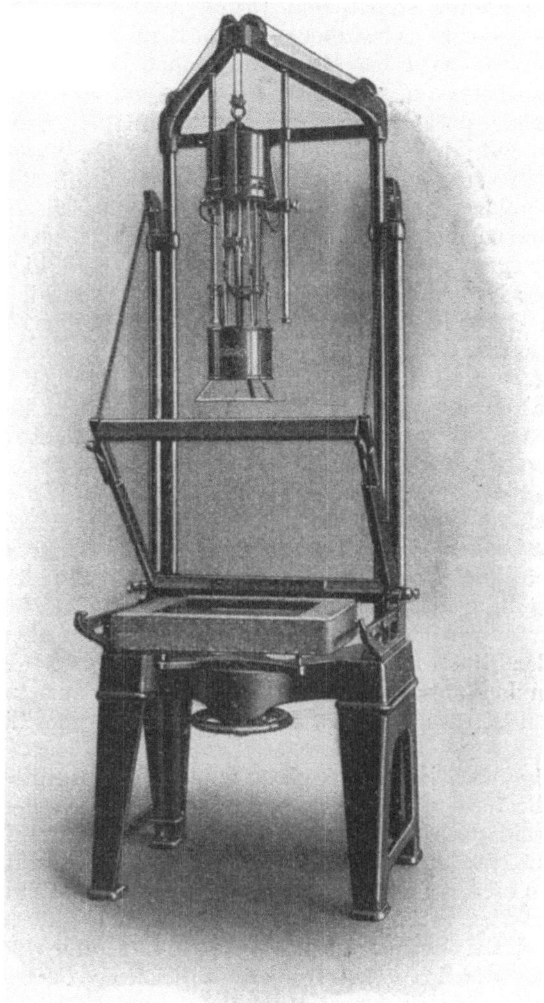

Abb. 33. Steinkopierapparat

lasse aber doch noch länger die Wärme einwirken, so daß man die Gewähr
der völligen Trockenheit der Schicht hat.

Schließlich legt man die Steinplatte auf irgendeine Unterlage nahe
an der Bogenlampe, legt das zu kopierende Negativ darauf und bedeckt
zur Erzielung genügenden Druckes eine schwere, dicke Spiegelglasscheibe

über das Ganze. In der Regel übt diese genügend Druck aus, um das Negativ an den Stein anzupressen. Man kann aber, um den Druck zu erhöhen, Schraubenzwingen, die seitlich über die Glasplatte und unter die Steinplatte greifen sollen, den Druck verbessern. Es bedarf dabei natürlich zweier solcher Schraubenzwingen. Kopierdauer ist wieder Sache der Erfahrung. Sie wird bei Benutzung einer Bogenlampe mindestens 5 bis 8 Minuten betragen, je nach der Entfernung von der Lampe.

Einen sehr praktischen Steinkopierapparat, Abb. 33, bringt KLIMSCH & Co. auf den Markt. Derselbe ist mit einer Bogenlampe kombiniert, die sich in verschiedene Entfernungen von der Steinplatte bringen läßt. Die Steinplatte selbst wird im präparierten Zustand auf die vorgesehene Unterlage gebracht, das zu kopierende Negativ darüber und durch Niederlegen der in einem Metallrahmen befindlichen Glasplatte preßt sich das Negativ auf die Steinplatte. Die verschiedene Dicke der Steine kann durch höher oder tieferstellen derselben durch Spindeltrieb bewerkstelligt werden.

Der kopierte Stein wird nun auf einen Tisch gebracht und sofort mit einer Leimwalze und einem Gemisch von Umdruck und Federfarbe (1 : 2) mit etwas Lavendelölzusatz aufgewalzt. Die Farbschicht darf keineswegs tiefschwarz erscheinen, sondern nur grau, ohne porös zu sein. Bringt man nun die Steinplatte unter die Wasserleitung und läßt einige Minuten Wasser darauf fließen, so kann man bereits mit dem Entwickeln durch Abreiben mit einem Baumwollbauschen beginnen. Vorausgesetzt richtige Kopierzeit wird sich das Bild sehr bald und rein entwickeln lassen. War die Kopierzeit hingegen zu lange, so mag auch bei starkem Reiben das Bild nur sehr schwer hervorkommen. Anderseits wird aber bei zu kurzer Kopierzeit das Bild wohl bald hervorkommen, jedoch aber noch bevor es fertig ist in den feinsten Teilen wieder verschwunden sein. Die einzelnen Bildteile vermögen wegen zu geringer Lichtwirkung auf dem Stein nicht zu halten.

Die fertig entwickelte Steinplatte spült man gut mit Wasser ab und stellt sie in die Nähe eines Ofens, so daß alles Wasser gut ablaufen kann; eventuell beschleunigt man das Trocknen mit der Windfahne.

Man kann, wie bereits erwähnt, die Chromeiweißlösung statt mit der Schleudermaschine, auch mit einem Tampon auf die Steinplatte auftragen, wozu man die dickere Lösung zu verwenden hat. Für diesen Zweck gießt man ein Quantum der Lösung auf die Steinplatte und verstreicht mittels eines Tampons, d. i. Peluchestoff über ein Stück Holz gelegt und dort mit einigen kleinen Nägeln befestigt. Langes Streichen, parallel zu den Kanten, hat keinen Zweck, man streiche eben nur so lange, bis eine gleichmäßige Verteilung eingetreten ist. Das Trocknen besorgt man dann mittels eines „Föhns" oder mit der Windfahne. Den Tampon wasche man sorgfältig aus, um ihn für ein andermal wieder verwenden zu können.

Es sei aber bemerkt, daß das Aufbringen der Schicht durch diese letztere Methode nicht so leicht ausführbar ist und sich kaum für die Kopierung von Rasternegativen, die sehr homogene Schichten erfordern, empfiehlt.

Die übrige Behandlung ist dieselbe wie bei den in der Schleudermaschine präparierten Steinen.

Fertig kopierte Steine übergibt man dem Litographen zur Durchführung der zumeist notwendigen Retuschen, die mit lithographischer Tusche durchzuführen sind. Schmutzstellen bearbeitet man am besten mit dem Korrekturstein. Bei Autotypien wird man alle Retusche nur auf das Schließen von kleinen Löchern — weißen Flecken — oder auf das Entfernen eines Rastertones beschränken. Das letztere kann man bei kleineren Partien ganz gut mit einem Schaber durchführen oder, namentlich bei größeren Partien kann man sich mit Vorteil des sogenannten wasserlöslichen Asphaltes bedienen. Dieses Präparat ist Handelsware in flüssigem Zustande und wird mit dem Pinsel auf die Kopie aufgetragen, wobei man die feinsten Konturen des Bildes sehr gut berücksichtigen kann. Man deckt also alles was bleiben soll. Ist das aufgetragene Präparat vollkommen trocken geworden, so löst man die offen gebliebenen Stellen durch rasches Überwischen mit einem durch Benzin befeuchteten Baumwollbauschen weg. Reibt man dann noch mit einem anderen reinen Baumwollbauschen nach, so bekommt man die betreffenden Stellen vollkommen rein und kann dann durch Abwaschen mit reinem Wasser und einem Schwamm das aufgetragene Abdeckmittel leicht wegwaschen.

Sollten aber etwa mittels des Tangierfelles irgendwelche Töne eingetragen werden, wie dies mitunter bei Farbenarbeiten oder zur Ausstattung von irgendwelchen linearen Bildern notwendig ist, so muß die Steinplatte durch Entsäuern richtig fettempfänglich gemacht werden. Man nimmt hierzu verdünnte Essigsäure oder Holzessig oder auch Zitronensäure.

Das Chromgummiverfahren

Dieses Verfahren, das sehr häufig auch direktes Positivverfahren oder Umkehrverfahren genannt wird, hat sich in kurzer Zeit eine besondere Stellung im Rahmen der Offsetkopierverfahren erworben. Es sei gleich vorweg gesagt, daß seine Handhabung durchaus keine sehr einfache genannt werden muß, daß aber in der Hand eines geschickten Operateurs das Verfahren hervorragendes leistet und Druckplatten von vorzüglicher Schärfe der Rasterpunkt und Dauerhaftigkeit des Druckkomplexes gibt. Der Vorzug dieses Kopierverfahrens liegt eben darin, daß das fettige Farbbild direkt auf das Zink kommt, ohne daß eine Zwischenschicht vorhanden wäre. Es ist aber auch diejenige Methode, welche trotz der Körnung der Zinkplatte die beste Schärfe auch der feinsten Rasterpunkte gewährleistet.

Die heutigen Chromgummiverfahren nehmen alle mehr oder weniger Anlehnung an das Verfahren von A. TELLKAMPF, welcher fand, daß die unbelichteten Stellen einer Chromatschicht sich mit flüssigen Säurealkoholen lösen lassen, während die belichteten Stellen derselben Schicht nicht aufgelöst werden. Als Säurealkohol verwendete er Milchsäure, verdünnt mit solchen Zusätzen, welche an sich nicht lösend wirken.

Diese Säurealkohole wirken überdies entsäuernd auf die Zinkplatte, so daß diese zur Annahme von fettiger Farbe vorbereitet erscheint. Dieses sehr wertvolle Verfahren war seinerzeit der Gegenstand eines D. R. P. Nr. 241889 vom 10. März 1909 und wurde von TELLKAMPF hauptsächlich dazu verwendet, um von Plänen oder Zeichnungen auf Pauspapier positiv druckende Kopien auf Zinkplatten zu machen. TELLKAMPF erlebte es nicht, sein Verfahren auch dem Offsetdruck dienstbar gemacht zu sehen, da er im Kriege fiel. TELLKAMPF benutzte zur Verdünnung der Milchsäure Glyzerin, da dieses die Chromgummischicht nicht angreift, es war also eine Art Vehikel, welches auch verhinderte, daß sich die nachher aufzubringende Farbe an den kopierten Stellen festsetzt. Es wurden später dann an Stelle des Glyzerins andere Mittel verwendet, welche billiger sind und die gleichen zähflüssigen und hygroskopischen Eigenschaften wie dieses an sich haben (Glyzerin war in der Kriegszeit nicht zu haben). Ein solches Mittel besteht in einer Lösung von Chlorkalzium in Wasser von etwa 36 Grad Bé. Nach dem D. R. P. Nr. 303440 vom 28. Februar 1917 von PHILIPP MÜLLER (Berlin-Steglitz) nimmt zwar die Platte ebenso gut die Farbe an wie bei Verwendung von Glyzerin, doch löst sich die Farbe nach dem Abätzen der Chromatschicht unter der Wasserspülung an vielen Stellen los, was nach dem genannten Patent dadurch vermieden wird, daß der als Anreibemittel dienenden konzentrierten Chlorkalzium- oder Chlormagnesiumlösung eine Lösung von beispielsweise 3 Teilen Kolophonium in 40 Teilen Spiritus und eine entsprechende Menge Umdruckfarbe zugesetzt wird. Letzteres wird in der üblichen Weise mittels eines Schwammes auf die entwickelte Platte aufgetragen, bis die Zeichnung tiefschwarz auf der Chromatschicht erscheint. Der Chlorkalzium- oder Chlormagnesiumzusatz bewirkt dabei, daß die Farbe auf der Chromatschicht nicht haftet, daß die Zeichnung dauernd sichtbar bleibt und eine Nachentwicklung schadhafter Stellen möglich wird, während sich das Kolophonium mit der Umdruckfarbe in den Strichen festsetzt und so einen guten Farbstrich bildet. Der lediglich als Lösungsmittel für das Kolophonium dienende Spiritus verdunstet schon während des Auftragens der Farbmischung. Das neue Verfahren soll den besonderen Vorzug haben, daß es sich in gleich guter Weise für Zink- und Aluminiumplatten verwenden läßt.

Außer diesem eben genannten Verfahren besteht aber noch ein anderes, durch D. R. P. Nr. 424713 dem KARL BELLER in Karlsruhe geschütztes Verfahren. In der bezüglichen Patentschrift ist zwar der Verwendung von Chromatgummi zum Kopieren und der Milchsäure-Chlorkalziumlösung keine Erwähnung getan, sondern der Aufbringung der Farbe auf die entwickelten Stellen. Der Patentanspruch lautet: „Verfahren, Zinkplatten, deren durch Entwicklung freigelegte Stellen drucken, druckfertig zu machen, dadurch gekennzeichnet, daß die entwickelte Platte vom Entwickler gereinigt, mit einem Wattebausch, welcher mit in Spiritus aufgelöstem Kolophonium getränkt ist, gleichmäßig überstrichen und getrocknet wird, worauf mit Terpentin verdünnte schwarze Farbe mit Wattebausch aufgetragen und mit Plüschwalze verwalzt, mit Talkum abgerieben, die Platte aber nach kurzer Wässerung mit Putzwolle oder Bürste von der überflüssigen Farbe gereinigt und mit verdünnter Salzsäure (1 : 20) übergossen, mit Wasser bespült, getrocknet und geätzt wird."

Neben den beiden genannten Verfahren bedarf aber noch dasjenige von Ing. DETTMANN in Berlin (D. R. P. Nr. 447178, Kl. 57 d), Erwähnung, das sich in ähnlichen Bahnen bewegt, jedoch durch eine besondere Zusammensetzung der Chromatgummilösung einerseits für eine hervorragend scharfe Kopie und andererseits für eine absolut feste Verbindung zwischen Farbbild und dem Metall sorgt. Die Resultate nach diesem Kopierverfahren sind tatsächlich einwandfrei und die Rasterpunkte am Papier lassen kaum erkennen, daß sie von einer gekörnten Zinkplatte gedruckt sind, sie haben ihre volle Schärfe und exakte Form, so daß man versucht ist, die Drucke als Klischeedrucke anzusprechen.

Kopierung mit Asphalt

Die Asphaltkopierung ist neben den bereits angeführten Kopierverfahren namentlich für rasche Produktion von geringfügiger Bedeutung und sie sei an dieser Stelle lediglich nur der Vollständigkeit halber angeführt. Es ist ein Kopierverfahren auf lithographischen Stein und benötigt Halbtonnegative. Es eignet sich in den seltensten Fällen dazu, um eine Halbtonvorlage einfarbig wiederzugeben und auch für den Farbendruck ist es nicht möglich, mit nur vier Farben auszukommen. Man kann es hin und wieder dazu benutzen, eine einfarbige Vorlage mit etwa zwei Druckplatten, wovon die eine mehr die Schattenpartien, die andere aber mehr die Lichter wiederzugeben hat, in Druck zu reproduzieren. In einigen Anstalten wird es wohl auch zum Farbendruck benutzt, und zwar zu den sogenannten Photochromien, wozu allerdings mindestens sechs und noch weit mehr Platten benötigt werden. Das Zustandekommen der einzelnen Farbplatten bei diesem Verfahren hat aber nicht mehr viel mit Photomechanik zu tun, vielmehr werden hier die Farben lediglich durch die weitgehendste Behandlung der Platten seitens der Lithographen hergerichtet, wie es ja überhaupt mehr darauf ankommt, ein buntes Bild zu erhalten.

Die außerordentlich geringe Lichtempfindlichkeit des Asphaltes ist einer der Hauptgründe, warum dieses Präparat nicht häufiger zum Kopieren benutzt wird.

Man verwendet nur den syrischen Asphalt, der in Stücken in den Handel kommt und löst denselben etwa in folgendem Verhältnis auf: 80 bis 100 g Asphalt in 1000 ccm Chloroform. Nach völliger Lösung setzt man etwa 2 bis 3 ccm Lavendelöl zu, um die Schicht geschmeidiger zu machen. Die fertige Lösung lasse man in sehr gut verschließbarer Flasche einige Tage stehen, um sie schließlich vor dem Gebrauch durch Baumwolle zu filtrieren.

An Stelle des Chloroform kann man als Lösungsmittel auch Benzol verwenden:

Zur Präparation verwende man einen sehr gut geschliffenen lithographischen Stein von grauer Farbe, der auch, je nach der Arbeit, sehr fein gekörnt sein kann, und bringe ihn auf irgendeine Art auf höhere Temperatur. Es lassen sich nur dann sehr glatte und saubere Schichten erzielen, wenn der Unterschied zwischen der Temperatur des Steines und des Arbeitsraumes kein sehr großer ist. Das Aufgießen der Asphaltlösung erfordert Übung und kann am besten dadurch erfolgen, daß man den Stein auf die Kante des Spültroges der Wasserleitung legt, schräg hält und an der überhöhten Kante nun die Lösung aufgießt. Man muß nun die Steinplatte so dirigieren, daß die Lösung gleichmäßig zur unteren Kante fließt, ohne jedoch Wellen zu machen, die als Striemen zurückbleiben würden. Schließlich schwenke man den Stein noch derartig, daß die Lösung auch noch die Neigung hat gegen eine der tiefer liegenden Ecken zu fließen. Alsbald wird man aber bei der ganzen Manipulation sehen können, daß die Schicht bereits zu trocknen beginnt, worauf man den Stein einfach an die Wand stellt und erst tags darauf benutzt. Es ist niemals empfehlenswert, gleich nach der Präparation mit dem Kopieren zu beginnen. Es hält das kopierte Bild besser auf der Steinplatte und auch die Entwicklung geht besser vor sich (weicher), wenn mindestens 24 Stunden verstrichen sind. Die Kopierung (Belichtungsdauer) selbst ist allernings ein wunder Punkt bei dem Verfahren, denn sie dauert unter einem Halbtonnegativ doch immerhin drei Stunden in der vollen Sonne und 2 bis 4 Stunden beim Licht einer kräftigen Bogenlampe (25 Ampere). Je nach dem Effekt den man anstrebt, muß man länger oder kürzer belichten: Kurze Belichtung berücksichtigt nur die Schattenpartien des Bildes und läßt eine harte Kopie zustandekommen, während lange Kopierung auch die Abstufung der Lichter berücksichtigt. Zu lange Kopierung bringt die Lichter zu kräftig und läßt die Zeichnung der Schattenpartien verschwinden. Doch kann man bei Kopien, die zu lange belichtet sind, immerhin noch durch die Entwicklung den richtigen Zustand erreichen, während bei zu kurzer Belichtung eben gerade nur die tiefsten Schattenpartien erhalten bleiben.

Die Entwicklung selbst wird mit ganz reinem Terpentin vorgenommen, indem dieses über die Steinplatte gegossen wird. Zweckmäßigerweise legt man unter dieselbe einen dünnen Stab, um den Stein ordentlich schaukeln zu können. Das ablaufende Terpentin kann man in einer unter den Stein gestellten Tasse auffangen. Es läßt sich im übrigen die ganze Sache so anfassen, daß man mit Glaserkitt einen Rand entlang den Kanten des Steines baut, so daß dessen Oberfläche zu einer Art Tasse wird, in welche man dann eben das Terpentin eingießt. In beiden Fällen muß man nach einiger Zeit frisches Terpentin nachgießen und bald wird man das Bild herauskommen sehen. Sollte sich die Entwicklung nur sehr träge gestalten, so daß man also befürchten muß, daß die Belichtung zu lange gewährt hat, so kann man dem Terpentin ganz wenig Benzol zusetzen.

Sobald das Bild ordentlich sichtbar ist, braust kräftig Wasser über die Steinplatte und bringt schließlich die anhaftenden Wassertropfen mit Filterpapier weg. Hierauf entwickelt man wieder in derselben Art und Weise weiter, setzt aber dem Terpentin vorher Kampferöl zu im Verhältnis 2 : 1 bis 1 : 1. Sind nun alle Details tadellos sichtbar, braust man wieder mit Wasser alles Terpentin weg und trocknet wieder mit Filtrierpapier ab. Die Kopie ist nun fertig. Sollten aber irgendwelche Aufhellungen nötig sein, so können dieselben dadurch vorgenommen werden, daß man alle Stellen ‚welche man schon in Ordnung findet, mit dünnen Gummiarabicumlösung und einem Haarpinsel abdeckt, hingegen auf die offengebliebenen Stellen, den Entwickler neuerdings eventuell vermischt mit Benzol einwirken läßt. Man kann sich dazu auch eines Haarpinsels bedienen, mit welchem man den Entwickler aufbringt. Benzol hierzu allein zu verwenden, ist nicht sehr empfehlenswert, weil dieses zu rasch wirkt und eventuell das ganze Bild weglösen kann. Will man jedoch einige Partien aus irgendeinem Grunde kräftiger gestalten, so kann man dies sehr gut mit Kreide oder Tusche bewerkstelligen.

Hat man die Nachentwicklung oder eventuelle Korrekturen durchgeführt, so kann man bereits mit sehr schwacher Ätze die Steinplatte übergehen und diese in dünner Schicht eintrocknen lassen. Erst dann trägt man mit strenger Federfarbe auf und kann ein zweites Mal ätzen.

Zwischenschichtverfahren

An dieser Stelle möge auch der sogenannte Zwischenschichtverfahren gedacht sein, welche als wertvolle Kopierverfahren im Rahmen des Flachdruckes zwar keine dominierende Rolle zu spielen berufen waren, hingegen in der Chemigraphie sich als sehr brauchbar erwiesen. Der Grund hierfür liegt in der Oberflächenbeschaffenheit der Zinkplatten: Während auf glatt geschliffenem Zink diese Verfahren recht gut arbeiten, kann dies bei der Verwendung auf gekörnten Platten nicht gesagt werden.

Man hat zwar die Eigenart des Zwischenschichtverfahren bereits eine Zeitlang auch für den Offsetdruck ausgenutzt, doch mußten für diesen Zweck die Kopien auf glattem Zink gemacht werden, von dem sie dann auf die Maschinenplatte umgedruckt werden mußten. Solange sich das Bild auf der glatten Zinkplatte befand, konnte man dasselbe durch eine einfache Behandlung recht gut beeinflussen und Tonwerte in großen Grenzen aufhellen.

Die Arbeitsweise der Zwischenschichtverfahren wurde erstmalig von Dr. E. ALBERT in München in seiner Dracopie festgelegt und stand damals dieses Verfahren unter D. R. P.-Schutz. Man benutzte glatte Zinkplatten, die mit einer Harzschicht überzogen waren, auf welche zur Erlangung einer Kopie mit Fischleim kopiert wurde. Die Kopie wurde in der üblichen Art und Weise mit Wasser entwickelt, dann angefärbt und getrocknet. Ließ man eine alkoholische Lösung auf die Kopie einwirken, so entfernte sich der Harzgrund, zwischen den einzelnen Bildelementen (Rasterpunkten) und man erhielt auf diese Art ein sehr gut säurebeständiges Bild in der Harzschicht. Die Fischleimschicht hat hierauf entfernt werden können, da sie ja ihren Zweck, nämlich die darunter befindliche Harzschicht vor der Auflösung durch den Alkohol zu schützen, erfüllt hat. Dr. E. ALBERT baute in der Folge das Verfahren durch Verwendung einer anderen lichtempfindlichen Schicht zu einem Schnellkopierverfahren des „Dracorapidverfahren" aus, wobei er gleichzeitig an die Verwendung des Verfahrens für den Offsetdruck dachte. Es zeigte sich nämlich, daß man es mit der zeitlich verschieden langen Einwirkung der den Harzgrund auflösenden Flüssigkeit in der Hand habe, die Rasterpunkte nach Belieben zu verkleinern. Man machte dies auf die folgende Art: Die mit der alkoholischen Flüssigkeit behandelte Kopie wurde getrocknet und die die einzelnen Rasterpunkte bedeckende Kolloidschicht auf der Platte belassen. Nun konnte man durch Abdecken der bereits als richtig befundenen Bildteile diesen einen Schutz geben während man auf die übrigen Bildteile die alkoholische Flüssigkeit neuerdings einwirken ließ. Dabei zeigte es sich, daß diese Flüssigkeit unter die die Rasterpunkte bedeckende Kolloidschicht griff und die darunter befindliche Harzschicht von der Seite her auflöste, wodurch die aus der Harzschicht bestehenden Rasterpunkte ganz regelmäßig verkleinert wurden.

Das Abdecken und Verkleinern der Rasterpunkte durch die alkoholische Flüssigkeit ließ sich wiederholen, bis das Bild entsprochen hat. Zur Verwendung auf der Offsetpresse mußte es allerdings erst umgedruckt werden, ein Arbeitsweg, den man heute natürlich vermeidet und an seine Stelle die direkte Kopierung treten läßt.

Im übrigen hat die Firma Bekk und Kaulen in Berlin ein dem obigen ganz identisches Verfahren zur Erzielung von Kopien auf Zink in einem Harzgrund herausgebracht, nachdem das Patent Dr. E. ALBERT abgelaufen ist. Auch bei diesem, Beka-Kaltemailverfahren genannten, Prozeß konnten durch Anwendung verschiedener Entwickler (alkoholische Lösungen) die Größe der Rasterpunkte in der Harzschicht beeinflußt werden, je nach dem geringeren oder kräftigeren Lösungsvermögen der Flüssigkeit, die bald mehr, bald weniger unter die Kolloidschicht greift. Nachdem jedoch Dr. E. ALBERT schon lange vor Bekk und Kaulen diese Methode verwendete, kann auch bei dem Beka-Kaltemailverfahren nicht mehr von einer Neuheit gesprochen werden.

Der Umdruck

Man sollte meinen, daß die photomechanische Bildübertragung den bisher gepflegten Umdruck völlig ausschaltet. Das mag wohl theoretisch richtig sein, praktisch genommen wird aber nach wie vor auf einige Zeit hinaus der Umdruck noch immer eine wichtige Rolle zu spielen berufen sein. Wohl gibt es Fachleute, welche behaupten, daß die Photomechanik den Umdruck niemals zu ersetzen imstande ist. Solche Behauptungen können natürlich einer sachlichen Kritik nicht standhalten und sind meistens nur aus einem Unverständnis gegenüber den photomechanischen Verfahren geboren. Wer aber in das Wesen des Umdruckes eingedrungen ist, seinen Blick aber auch für andere Möglichkeiten bewahrt hat, dem werden sehr bald die Mängel des Umdruckes aufscheinen und er wird die überlegenen Leistungen der Kopierverfahren anerkennen müssen. Gerade die ausgiebige Verwendung gerasterter Bilder im Offsetdruck wurde erst richtig möglich durch die Kopiermethoden als Übertragungsverfahren, denn so meisterlich auch mancher Umdrucker seine Übertragungen machen kann, er kann das breit werden der Rasterpunkte beim Umdruck keineswegs mit Sicherheit vermeiden. Er kann aber auch nicht jene Festigkeit und den soliden Bestand eines Umdruckes erreichen, wie dies durch die Kopierung möglich ist. Eine einfache Überlegung besagt schon, daß beim Umdruck der Druckkomplex zunächst nur auf den Spitzen des Kornes der Maschinenplatte aufgelagert wird, während er durch Kopierung eben seine bessere Verankerung auch bis in die Tiefen der Körnung hinein besitzt. Der Umdruck, bei welchem ja immer Papier als provisorischer Träger des Bildes verwendet wird, garantiert keineswegs das sichere Passen, wie es durch die Kopierung gewährleistet ist. Will man dann noch die Möglichkeiten des Umdruckverfahrens, welche in der leichten Wiederholbarkeit eines und desselben Bildes auf einer Druckplatte bestehen, ins Treffen schicken, so muß dem gegenüber gehalten werden, daß man sowohl in der Verwendung geeigneter Ergänzungseinrichtungen am photographischen Apparat als auch insbesondere in den modernen Kopiermaschinen Möglichkeiten hat, die den Umdruck in dieser Richtung weit übertreffen, sie lassen eine Genauigkeit zu, die durch Umdruck gar nicht erreicht werden kann.

Aber trotz alledem wird es im Rahmen des Flachdruckverfahren so manchen Fall geben, wo über den Umdruck schon aus rein wirtschaftlichen Gründen nicht hinwegzukommen ist, namentlich in kleineren Druckereien, für welche die Beschaffung photomechanischer Einrichtung aus budgetären Gründen nicht möglich ist. Ja, es wird übrigens manch einen Fall geben, wo man Photomechanik und Umdruck glücklich miteinander kombinieren kann.

Aus diesen Überlegungen heraus und auch aus der Erkenntnis, daß beide Techniken sehr wohl nebeneinander bestehen können und schließlich noch einige Zeit verstreichen wird ehe sich die Photomechanik beim Offsetdruck restlos durchsetzen dürfte, soll im Rahmen dieses Buches auch der Umdruck eine kurze Beschreibung finden:

Die Vorbereitung der Zinkplatten für den Umdruck ist dieselbe, wie dies bei der Vorbereitung für die Kopienherstellung beschrieben ist (S. 104). Bereits gebrauchte Zinkplatten werden mit Terpentin und Wasser oder Benzin und Wasser gereinigt und mit Kalilauge und einer Bürste sauber gewaschen, um völlig fettfrei zu sein. Nach kräftigem Abbrausen mit Wasser gibt man schließlich die Platte in die Körnermaschine zur Erzielung eines Kornes, das entweder sehr fein oder auch grob sein kann, je nach der Arbeit, die man umzudrucken hat.

Die gekörnte Platte wird schließlich mit Wasser fest abgebraust und vor einem Ventilator trocken gemacht. Bevor dieselbe nun in der Umdruckpresse eingerichtet wird, ist sie zu entsäuern, was durch Behandlung der Platte in einem Bade von 500 g Alaun, 100 ccm Salpetersäure und 10 l

Wasser während zirka 5 Minuten geschieht. Das Bad hält man zu diesem Zweck in einer großen Schale oder kann es auch über die Platte gießen und mit einer Borstenbürste gut verreiben. Nach Beendigung des Entsäuerns wird gründlich mit Wasser gespült und auf beiden Seiten mit einem ganz reinen, öfters gewaschenen Lappen der keineswegs Fasern zurücklassen darf, abgewischt und der Rest der Feuchtigkeit beim Ventilator getrocknet.

Die Umdruckabzüge für Zink sollen alle satt in der Farbe stehen, ohne aber zu kräftig zu sein. Feuchtes Umdruckpapier eignet sich dazu am allerbesten. Für Passerarbeiten müssen die Umdrucke so am Papier stehen, daß die Laufrichtung desselben bei allen Drucken die gleiche ist. Überhaupt hat man sich aller Vorsichten zu bedienen, um eine übermäßige Dehnung des Papieres hintanzuhalten.

Konterabzüge, wie sie jene Druckformen verlangen, welche das Bild verkehrt stehend zeigen, z. B. Buchdruckschrift sind ebenfalls am besten auf feuchtem Umdruckpapier herzustellen. Man kann sich hierzu sehr gut der Konterpresse bedienen oder auch den Wendum gebrauchen. Vom Schriftsatz macht man am besten in der Tiegeldruckpresse einen Konterabzug, indem man zunächst einen Druck mittels strenger Umdruckfarbe auf feuchtes Umdruckpapier macht, dieses aber schon vorher auf dem Fundament der Presse festklebt, so daß es nach dem Druck an Ort und Stelle verbleiben kann. Man legt schließlich auf den am Fundament der Presse befindlichen, also schon bedruckten Bogen ein neues Blatt Umdruckpapier, befestigt es wieder durch festkleben an den Rändern und macht einen neuerlichen Druck. Hebt man dann den zweiten Bogen ab, so steht auf demselben die Schrift sehr scharf und sauber und dieser wird zum Umdrucken verwendet. Man muß bedenken, daß durch das Auflegen des zweiten Blattes Umdruckpapier der Druck verstärkt wird und leicht ein Quetschen stattfinden kann. Man gehe daher beim zweiten Druck mit dem Fundament etwas zurück. Bei Zusammenstellungen, die ja häufig vorkommen und aber auch um die Umdrucke genau an die ihnen zugehörige Stelle auf der Maschinenplatte zu bringen, bereitet man sich einen Aufstichbogen vor, der die Größe des Auflagepapieres haben soll. Auf diesem macht man sich schließlich die gesammte Einteilung, die aber sehr genau zu sein hat und mit exakten Lineal sowie Dreieck gezeichnet werden muß. Bei dieser Einteilung hat man auch die Greiferkante zu berücksichtigen, d. h. man muß an der vorderen Kante einen etwa 5 cm breiten Streifen ganz unberücksichtigt lassen (siehe das Schema Abb. 22). Auch muß man auf dem Aufstichbogen, um denselben richtig auf die Zinkplatten auflegen zu können am Rande die Mittellinien einschneiden.

Hat man seine Umdruckabzüge nunmehr vorbereitet oder aufgestochen, so kann mit dem Umdrucken begonnen werden, wozu man die Zinkplatte in der Presse einrichtet, entweder auf einen Stein oder auf einem Fundament liegend, und zwar so, daß der Reiber der Presse zunächst die Greiferkante der Platte zu berühren hat. Nun legt man den Umdruck bzw. Aufstichbogen auf die Zinkplatte, wozu man sich von einem Gehilfen in der Weise helfen läßt, daß jeder an einer Ecke anfaßt und zunächst jene Kante des Aufstichbogens niedersenkt und an die Zinkplatte anlegt, wo der Reiber zuerst auf die Platte kommt; erst dann wird der Bogen langsam niedergesenkt. Man hat also sorgfältig zu trachten daß kein verscheuern eintritt. Nun legt man auf den Umdruck einige Bogen festen Papieres oder Kartons und darauf den gut gefetteten Preßspan oder einen Zinkdeckel. Bei geringer Spannung zieht man nun einmal durch, wendet den Reiber um und zieht wieder, diesmal mit verstärktem Druck durch. Nunmehr hebt man die Hinterlage ab. Es empfiehlt sich, jetzt einen Bogen der Hinterlage mit Wasser und Schwamm mäßig zu feuchten, auf den Umdruck darauf zu legen und wieder durchzuziehen, wobei man den Druck etwas verstärken kann. Schließlich feuchtet man wieder und zieht noch etwa 3- bis 4mal durch und kann dann die auf der Zinkplatte festhaftenden Umdrucke mit viel Wasser und einem Schwamm gut durchfeuchten, um sie nach einiger Zeit abzuheben. Nach sehr gründlichem Behandeln mit reinem Wasser, wodurch jeglicher Rest der Schicht des Umdruckpapieres entfernt werden soll, können schließlich eventuelle Korrekturen durchgeführt werden, was entweder mit einem Bleistift oder auch mit lithographischer Tusche geschehen kann Allerdings muß bei Anwendung der Tusche zunächst die betreffende Stelle in der die Korrektur eingetragen werden soll, mit Benzin und einem kleinen Lappen abgewaschen und mit der Entsäuerungsflüssigkeit (verdünnte Essigsäure) behandelt werden. Schaben oder Schleifen mit Bimsstein vermeide man nach Tunlichkeit, da dies alle Male die Qualität der Platte beeinträchtigt und bei einiger Vorsicht auch ganz überflüssig ist.

Die fertige Platte wird nun dünn gummiert. Platten, welche lange ohne Gummischicht stehen, neigen zum Tonen.

Durch das nun folgende Auswaschen bekommt das umgedruckte Bild erst seine genügende Festigkeit und wird für die weitere Behandlung vorbereitet. Das Auswaschen besteht darin, daß die gummierte Platte mit einer der käuflichen Auswaschtinkturen und einem reinen weichen Lappen so gründlich überwischt wird, bis die Umdruckfarbe gelöst ist und das Bild selbst einen bräunlichen Ton annimmt. Nunmehr wird aller Überschuß von Auswaschtinktur abgewischt und nach vollkommenem Trocknen mit dem Wasserschwamm auch die Gummischicht abgewaschen und die wasserfeuchte Platte mit Federfarbe, der man zweckmäßig etwas Umdruckfarbe zusetzt, eingewalzt. Hier ist peinlich darauf zu achten, daß sich kein Ton ansetzt. Durch das Einwalzen hat das Bild an Festigkeit gewonnen und nachdem dann die Platte trocken gewedelt ist, kann mit der Ätzung begonnen werden. Dies geschieht, indem man die hierfür viel im Gebrauch stehende STRECKERsche Zinkätze über die Platte bringt und nach einiger Zeit wieder entfernt, indem man mit Wasser abwäscht und gleich wieder gummiert.

Die Beurteilung der Ätzwirkung bzw. die Dauer der Ätzung ist vielfach Erfahrungssache und es wird wesentlich von der Zeichnung selbst abhängen, ob man kräftig ätzen kann oder nicht. Jedenfalls bedenke man, daß zu langes Ätzen der Zeichnung Schaden bringen kann, indem die feinen Linien unterfressen werden. Es ist daher richtiger, lieber kürzer, also schwächer zu ätzen, dann wieder Farbe aufzutragen und lieber noch einmal zu ätzen.

An dieser Stelle möge auch des „Akaustol" gedacht werden, eines Mittels, Umdrucke, Kopien oder Zeichnungen auf Stein oder Zink oder Aluminium druckfähig zu machen. Akaustisch wird das Verfahren durch seinen Erfinder MAX JAFFÉ genannt, weil die Ätzung d. h. ein Angreifen des Plattenmaterials entfällt. Zu diesem Verfahren werden die Umdrucke oder Kopien in der üblichen Art und Weise hergestellt, wobei statt der Umdruckfarbe Federfarbe genommen werden kann, da ein Durchätzen hierbei ausgeschlossen ist. Es ist zweckmäßig die Umdrucke oder Kopien vorerst mit einer 10%igen Gummilösung zu gummieren, hierauf zu trocknen und nun den Gummi wieder abzuwaschen. Hierauf wird einfach ein sauberer Schwamm oder reiner Lappen mit Akaustol angefeuchtet und die Platte in kreisender Bewegung rasch überwischt und gleich wieder trocken gefächelt. Hierauf ist die Platte aber auch schon druckfertig. Das Verfahren hat sich auch bei großen Auflagen restlos bewährt und bietet auch im Steindruck große Vorteile.

Direkter Umdruck von Zink auf lithographischen Stein

Um geätzte Zinkplatten (Klischees) auf lithographischen Stein umzudrucken, wie dies bei dem sogenannten Reisacherverfahren notwendig ist, dürfen diese keinesfalls stärker sein wie 0,8 bis 1 mm. Stärkere Klischees können zwar auch noch umgedruckt werden, doch ergeben sich hierbei verschiedene Unzukömmlichkeiten, die durch die Anwendung eines stärkeren Pressendruckes entstehen. Die Metallplatten sind selten sehr plan bzw. gleich dick und häufig kommt es vor, daß einzelne, namentlich geschlossene Partien nicht genügend ausdrucken. Die für den direkten Umdruck bestimmten Klischees sollen in Zink geätzt sein und müssen vorerst auf der Rückseite durch Abreiben mit Schmiergelpapier absolut rein gestaltet werden. Die Bildseite soll durch Abbürsten mit Schlämmkreide und Lauge sowie reichlichem Abspülen mit Wasser ganz sauber gemacht werden. Das anhaftende Wasser nimmt man durch abtrocknen mit einem durchfeuchteten Wildlederlappen und nachherigem schwachen Anwärmen weg.

Als Stein verwende man ausschließlich einen von dunkler, etwa blauer Farbe, der keinerlei Schleifrisse zeigt und vollständig plan geschliffen ist. Den Stein richte man nun in der Presse ein und verwende einen passend abgerichteten Reiber. Man kann um den richtigen Druck zu probieren, die sauber gereinigte Zinkplatte (Klischee) auf die Steinplatte legen, darüber die übliche Hinterlage und Druck geben. Dabei muß natürlich der Reiber über die Zinkplatte zu stehen kommen und der Anschlag muß so gerichtet sein, daß nach dem Durchziehen der Reiber noch über der Klischeekante zu stehen kommt. Den richtigen Druck zu finden, ist Sache der Erfahrung, doch muß gesagt werden,

daß man tunlichst wenig Druck nehmen soll um ein Breitwerden der
Rasterpunkte hintanzuhalten. Nachdem die Presse eingerichtet und
der Druck bestimmt ist, walze man nun das ganz staubfreie Klischee
mit strenger Umdruckfarbe und einer Leimwalze sehr gleichmäßig ein,
vermeide aber zu großes Farbquantum. Schließlich wird das Klischee
auf den staubfreien Stein an die vorher bezeichnete Stelle aufgelegt,
die Hinterlage darüber, Druck gegeben und gleichmäßig durchgezogen.
Hierauf kontrolliere man sofort mit der Lupe ob nicht etwa durch leichtes
Schieben der Klischees die Punkte teilweise verzogen erscheinen. Hat
man zuviel Farbe aufgewalzt und etwa auch zu viel Druck gegeben,
so werden die einzelnen Punkte als Ringe erscheinen, d. h. in der Mitte
hohl sein. Ein solcher Umdruck ist unbrauchbar. Das Klischee reinige
man sofort mit Terpentin und einer Bürste und schließlich wieder mit
Lauge und Schlämmkreide. Den umgedruckten Stein behandle man
in der üblichen Weise weiter, wende aber bei der Ätzung alle Vorsicht
an um die Rasterpunkte nicht zu gefährden.

Behandlung der Druckplatten für große Auflagen

Der dem Offsetdruck häufig gemachte Vorwurf wegen Spaltung der
Farbe nicht genügend Kraft zu geben brachte schon vor 1916, Dr. E.
ALBERT in München auf die Idee, diesem Übel dadurch zu begegnen,
daß die Druckelemente in die Druckplatte vertieft eingelagert werden.
Die Vertiefungen ermöglichten eine Anreicherung der Farbe, welche der
Verminderung derselben infolge Halbierung der Farbmenge durch Ab-
klatsch und wegen der starken Ansaugung durch das nicht gestrichene
Papier wieder wett machten.

Zweifellos wird eine solche Druckplatte auch dauerhafter beim Druck
hoher Auflagen sein, da ja jedes einzelne Druckelement durch das geringe
Relief besser örtlich begrenzt erscheint wie auf der flachen Platte.

Ein dahingehendes Verfahren besteht von C. HERMANN als D. R. P.
410828, Kl. 57 d vom 29. Juli 1922, nach welchem auf die gekörnte Zinkplatte negativ kopiert und das entstehende Bild tiefgeätzt wird, wodurch
die Ätzstufen nach den Tonwerten der zu ätzenden Stellen abgestuft
sind. Schließlich wird in die Ätzstufen Schellack eingelassen. (Siehe
Deutscher Buch und Steindrucker 1922, S. 185.) Auch die Firma Ullmann
in Zwickau in Sachsen arbeitet mit einem ähnlichen Verfahren (D. R.
P. 457 789) dem „Manultief".[1]

Die Firma Meissenbach in München arbeitet ebenfalls mit einem
Offsettiefverfahren, bei welchem es sich darum handelt, daß eine mit
Chromgummi kopierte Zinkplatte vor dem Einschwärzen derartig behandelt wird, daß die Bildstellen tiefer zu liegen kommen. Auf diese
Art soll dem Bilde auf der Druckplatte eine erhöhte Dauerhaftigkeit
gegeben sein, da durch die Tiefätzung jeder Rest von Kolloid garantiert
entfernt wird und die fettige Farbe, welche ja den Druckkomplex vor-

---

[1] Siehe Deutscher Buch- und Steindrucker 1926, S. 553.

stellt unbehindert in das Zink einzudringen vermag. Daß solche Platten dann kräftig drucken ist selbstverständlich, da ja in den tieferliegenden Bild die Druckfarbe reichlich Platz findet.

Das Beka-Offsettiefverfahren der Firma Bekk und Kaulen in Berlin durch D. R. Patent geschützt, strebt ebenfalls das Tieflegen der Bilder an, indem auf eine gekörnte Zinkplatte mit Chromleim unter einem Diapositiv kopiert wird. Darnach wird auf die Kopie eine Lackschicht aufgebracht, mit Wasser entwickelt, worauf getrocknet, erwärmt und tiefgeätzt wird. Schließlich wird mit Farbe eingerieben und der Harzgrund mit Lauge entfernt.

Alle diese Verfahren mit deren Hilfe das Bild in die Druckplatte vertieft wird, haben aber nur dann einen praktischen Wert, wenn es sich um den Druck großer Auflagen handelt, wobei also der Verschleiß der Zinkplatte keine nenneswerte Rolle spielt, denn die Zinkplatte ist bestenfalls noch auf der Rückseite brauchbar und hat dann ausgedient.

An dieser Stelle möge auch des seinerzeit viel von sich reden machenden Ambrogalverfahrens gedacht sein. Es ist dies in einem gewissen Sinne ebenfalls eine Druckplatte, bei welcher die Druckelemente vertieft erscheinen und dadurch zum Druck hoher Auflagen geeignet sein sollen. Der Erfinder AMBROS GALETZKA verwendet hierzu Metallplatten (Zink oder Aluminium), auf welche eine zellulosehaltige Mischung als Schicht aufgetragen ist. Auf diese Schicht wird in der Folge die eigentliche lichtempfindliche Chromeiweißschicht aufgetragen und die Kopierung in der üblichen Weise fertig gemacht. Zum Drucken selbst wird schließlich die Platte gefeuchtet, wobei die untere Schicht aufquillt und über die kopierten Druckelemente hinausragt. Die gequollene Schicht behält natürlich lange Zeit die Feuchtigkeit, während die Druckelemente, nachdem sie also etwas vertieft sind reichlich die Farbe aufnehmen. Angeblich soll die Schicht ungemein widerstandsfähig sein und die Papierqualität eine geringere Rolle spielen wie beim Offsetdruck.[1]

Die verschiedenen Methoden der Satzherstellung für den Offsetdruck

Der Wunsch für den Druck von fortlaufendem Text die Offsetpresse heranzuziehen, ist, in Anbetracht der Wirtschaftlichkeit des Offsetdruckes überhaupt, so alt wie dieser selbst.

Bisher blieb dem Offsetdrucker jedoch der Bilderdruck als überwiegendes Betätigungsfeld und nur sehr vereinzelt wurde der Druck fortlaufenden Textes gepflegt. Die hierfür nötigen Druckformen kommen zumeist auf dem Wege des Umdruckes zustande, d. h. es müssen zunächst durch den Schriftsetzer die Satzformen hergesetllt (gesetzt) werden und erst dann ist von jeder einzelnen Form ein tadelloser Abzug durch den Buchdrucker zu machen, zu welchem aber die ganze Kunst der

---

[1] Siehe Deutscher Drucker 1927, H. 2, S. 146.

Zurichtung bzw. Egalisierung aufzuwenden ist, gerade so, als wenn der Fortdruck selbst zu machen wäre. Dieser eine, auf Umdruckpapier hergestellte Druck wird dann in der Folge zur Übertragung auf die Offsetplatte benützt, allerdings nicht direkt, sondern indirekt, da der Offsetdruck selbst ein indirektes Verfahren ist, also richtigstehende Druckform benötigt. Es sind also für die Durchführung des Textdruckes in der Offsetpresse Setzerei und Buchdruckerei notwendig, wenngleich die letztere auch nur einen einzigen umdruckfähigen Druck herzustellen hat.

Die mannigfachen Vorteile des Offsetdruckes lassen es nun wünschenswert erscheinen, diese Druckart zum Druck fortlaufenden Textes anzuwenden, zur Herstellung der Satzform jedoch nicht den Umdruck zu gebrauchen, sondern neue Wege zu gehen. Und zwar schien seit langem eine dem Verwendungszweck entsprechende Setzmaschine den Bedürfnissen entgegenzukommen.

Einige Erfinder faßten das Problem von einer Seite an, die keinen Erfolg brachte. So wollte PETER FLAMM im Jahre 1864 eine Metallplatte mit der Schreibmaschine bedrucken, während PETROFF und PETSCHNIKOFF (1872) eine Maschine erfanden, welche Papier mit fetter Farbe bedruckte, worauf dann der Umdruck auf Stein zu erfolgen hatte. DEMENT (1883) und Dr. STRECKER (1907) bedruckten ein Papierband, das sie schließlich zerschnitten und zu ausgeschlossenen Seiten zusammenklebten. Auch amerikanische Bestrebungen reichen bis 1893 zurück, und zwar in einer „Planograph" und einer „Lithotype" geheißenen Maschine, die bereits auf das richtige Ausschließen Rücksicht nahmen.

Allen diesen Maschinen blieb der Erfolg versagt und andere Erfinder versuchten andere Lösungen, von denen allerdings auch zu sagen ist, daß die meisten im Versuchsstadium stecken blieben oder überhaupt totgeboren waren. So findet sich in einer Gruppe von Maschinen ein gemeinsamer Grundgedanke, nämlich in der Mithilfe des Lichtes, weshalb man diese Maschinen „Photosetzmaschinen" nennen kann. Und zwar wurde die Wirkung des Lichtes in der Weise ausgenützt, daß auf lichtempfindliches Papier oder Zelluloid ein Bild des gewünschten Textes entsteht, das dann in der Folge zum Kopieren auf die Maschinenplatte dient. Sie sind deshalb auch als Photosetzmaschinen anzusprechen, weil bei ihnen bereits innerhalb des Mechanismus die photochemische Wirkung des Lichtes ausgenützt wird, indem eine Art Kamera bzw. Projektionsapparat von dem durch Tastenanschlag vor das Objektiv gebrachten Buchstaben eine photographische Aufnahme macht. So weit der Grundgedanke; hinsichtlich der Ausführungsform sind die einzelnen versuchten Lösungen allerdings verschieden. Während z. B. der eine Erfinder jeden einzelnen Buchstaben an dem ihm zukommenden Ort innerhalb einer Zeile photographiert, erfolgt bei anderen Maschinen die photographische Aufnahme erst dann, wenn die ganze Zeile gesetzt ist. Die ersten Versuche in dieser Richtung stammen von Prof. PORZOLT, D. R. P. Nr. 81630, im Jahre 1894, der von der Schreibmaschine ausging, während 1895 der Engländer FRIESE-GREENE, engl. Patent Nr. 7099, die Buchstaben mit einer Art Setzmaschine zu Zeilen zusammenstellte, die dann selbständig durch eine Kamera photographiert wurden. In Amerika wurde 1901 eine Maschine zum Patent angemeldet, welche statt der gegossenen Matrizen mit schwarzen Buchstaben bedruckte Blätter in einem Rahmen sammelte, die dann photographiert wurden. Nach dem D. R. P. Nr. 407965 und 412533 von MÜLLER benutzte dieser eine der Linotype ähnliche Maschine, die Zeilen wurden zu Seiten zusammengeklebt und beschnitten und schließlich umgedruckt. Die „Photoline" von DUTTON ist eine mit einer Kamera ausgestattete Letternsetzmaschine ähnlicher Art wie der bekannte Typograph. Die „Photolino" von ROBERTSON, BROWN und ORELL hingegen bedient sich des Linotypeprinzipes; in ihr werden nicht Metallmatrizen, sondern Glasnegative der Buchstabenbilder zusammengesetzt und die entstehenden Zeilen im durchfallenden Licht photographiert. Die Ausschließung erfolgt dadurch, indem längere Zeilen aus größerer Entfernung photographiert werden. Andere Maschinen stammen von BAWTREE, D. R. P. Nr. 347308, von der Linotype Compagnie in London, D. R. P. Nr. 412896 vom 28. September 1924. Auf eine Einrichtung zum photographischen Letternsatz erhielt das Correxwerk (Budapest) ein D. R. P. Nr. 342311 vom 30. Jänner 1920 (durchsichtige Typen).

Der Lösung des Problems der Photosetzmaschinen stehen eine Unmenge Schwierigkeiten entgegen, deren größte die der typographischen Gesetzmäßigkeit entsprechende richtige Position des einzelnen Buchstabens innerhalb des Wortbildes ist. Aber auch die Unkorrigierbarkeit des einmal gesetzten und bereits photographierten Buchstabens lassen die Aussicht auf eine glückliche Lösung recht schwankend erscheinen. Die zufolge der optischen Ausrüstung solcher Photosetzmaschinen mögliche Verkleinerung bzw. Vergrößerung des Buchstabenbildes, um also von ein und derselben Schrift verschiedene Grade zu erhalten, kann wohl dem Nichtfachmann als besondere Möglichkeit erscheinen, der Eingeweihte weiß aber, daß die Vergrößerung eines Buchstabenbildes nicht mathematischen Gesetzen allein zu folgen hat, sondern daß hierfür künstlerische Anforderungen maßgebend sind. Hierzu kommt noch die bis zu einem gewissen Grade vorhandene Unzulänglichkeit der photographischen Schicht an sich, die, je nach der Quantität des gewonnenen Lichteindruckes, denselben verschieden wiedergibt.

Die Photosetzmaschinen brachten es bisher auch nicht weiter, als bis auf einige Besprechungen in den verschiedensten Fachzeitschriften, welche der Sache naturgemäß berechtigtes Interesse entgegenbringen. Ansonsten ist es aber stille geworden; vermutlich liegen die Schwierigkeiten nicht allein in der konstruktiven Lösung des Problems, sondern auch in wirtschaftlichen Belangen. Nur jene Maschine wird dem Offsetdrucker das bieten können, was er sucht, nämlich die Setzmaschine zunächst einmal für fortlaufenden Text, bei der aber die Möglichkeit der Korrektur des Satzes mit mindestens der gleichen Schnelligkeit und Leichtigkeit durchführbar ist, wie etwa bei stehendem oder Maschinensatz, bei der zudem noch die Ersparung an Unkosten für die Herstellung des Satzes eine Überlegenheit gegenüber der bisher gepflogenen Arbeitsweise verbürgt.

Von den verschiedensten Typen von Setzmaschinen, welche den oben dargelegten Bedingungen am nächsten kommen, haben wir lediglich einer näherzutreten: der „Typar"-Setz- und Schreibmaschine. Diese Maschine ist über das Versuchsstadium längst hinaus und hat ihre Brauchbarkeit an den bisher vorhandenen Modellen wiederholte Male bewiesen. Es steht zu hoffen, daß sie in nicht zu ferner Zeit Eingang in verschiedene praktische Betriebe finden wird. Verfasser sah die „Typar" seinerzeit bei einem Besuche der Erzeugerfirma,[1] der sie durch eine Reihe von Patenten geschützt ist, in Funktion und soll dieselbe im nachstehenden beschrieben sein.[2]

Die Typar ist im Gegensatze zu den Photosetzmaschinen ein Zwischending zwischen Schreibmaschine und Setzmaschine, denn die Bedienung derselben ist zunächst die einer Schreibmaschine, das Arbeitsresultat hingegen ist für den Offset- oder auch Tiefdrucker der von ihm zu druckende Satz, welcher durch die Betätigung der Maschine in Form einer „Fahne" entsteht. Zum Unterschied von gewöhnlichen Schreibmaschinen erfolgt aber bei der Typar die Anordnung der einzelnen Buchstaben nebeneinander mit der gleichen Gesetzmäßigkeit wie sie der Typograph verlangt, das Arbeitsresultat hingegen gleicht dem einer Zeilensetzmaschine, da in einem Arbeitsgang eine Zeile entsteht. Durch Untereinanderreihen mehrerer Zeilen ergibt sich schließlich eine Fahne, die nach erfolgter Korrektur bzw. Umbruch auch schon zum Kopieren auf die Maschinenplatte der Offsetpresse bereit ist.

Von besonderer Wichtigkeit ist natürlich die Korrekturmöglichkeit. Fehlerhaft gesetzte Buchstaben oder Worte, sowie vom Autor verlangte Korrekturen werden in der üblichen Art und Weise angezeichnet und auf der Typar neu geschrieben. In einem besonderen Schneidepult kann nun die auszuwechselnde Zeile herausgeschnitten und an ihre Stelle die korrigierte eingesetzt werden; für genaues Passen sorgen die während des Setzens automatisch am Rande jeder Zeile mitdruckenden Paßkreuze. Die Durchführung der Korrekturarbeit erfordert aber durchaus nicht mehr Zeit, wie etwa bei Maschinensatz auf der Linotype.

Interesse erweckt natürlich die Stundenleistung; die Angaben der Gesellschaft besagen 10000 Anschläge per Stunde und mehr, womit es tatsächlich seine Richtigkeit hat.

Nun einiges über den Arbeitsgang selbst: Derselbe ist einfach genug und verläuft folgendermaßen: Man hat vor Beginn der Arbeit die zur Verwendung kommende Schrift auszuwählen und den betreffenden Schriftkasten in die Maschine einzuschieben. Hierauf wird der Motor eingeschaltet, die Farbgebung reguliert und eventuell einige Probezeilen geschrieben. Nachdem schließlich die Randbreite und der Zeilendurchschuß bestimmt ist, kann mit der fortlaufenden Arbeit begonnen

---

[1] Polygraphische Gesellschaft in Laupen bei Bern (Schweiz).

[2] Siehe: Photographische Korrespondenz 1925, Juliheft (Beilage auf der Typar gesetzt und in Offset gedruckt); Deutscher Drucker, Jahrgang 32, S. 559 (Das Arbeiten an der Typar).

werden, indem eine Zeile getastet wird, bis ein Klingelzeichen zum Trennen auffordert. Dabei zeigt der typographische Punktzähler genau an, wie weit der Satz in der Zeile fortgeschritten ist. Ist die Zeile nun voll, wird mit einer Schalttaste der Motor gekuppelt und nach weiteren zwei Sekunden ist der Steuerungsmechanismus zu neuen Einstellungen bereit. Während nun die nächste Zeile getippt wird, druckt sich die vorige automatisch ab und die Typen ordnen sich sodann wieder. Bei Störungen läßt der Gebrauch einer Nottaste die Maschine sofort stillstehen. Weitere Tasten regulieren die Spationierung oder größere Zwischenräume.

Dieser einfache Arbeitsgang ist nur durch Besonderheiten der Konstruktion, welche eine geniale Leistung in allen einzelnen Teilen vorstellt, ermöglicht; die folgenden technischen Kennzeichen sind für die Lösung des Problems maßgebend:

Da ist zunächst ein Steuerungssystem vorhanden, welches aus einer beliebigen Zahl verschiedener Typen (bei Einschriftenmaschinen 120, bei Mehrschriftenmaschinen 225) die gewünschte Type auswählt und an die Druckstelle befördert; hierzu bewirkt der Tastenanschlag vorerst nur die Auslösung von Zwischengliedern, während die Bewegung der Typen automatisch und zeilenweise gemeinsam erfolgt.

Die Typenkombination kennzeichnet sich durch Typenstäbe verschiedener Breite mit Buchdrucklettern und Anordnung vollständiger Typensätze nebeneinander, von denen aber soviele vorhanden sind als Buchstaben im Höchstfalle auf eine Zeile gehen. Durch diesen Umstand kann niemals Typenmangel eintreten, selbst dann nicht, wenn man etwa eine ganze Seite mit einem einzigen Buchstaben bedrucken wollte.

Die Typen selbst sind in auswechselbaren Kassetten angeordnet und enthalten einen vollständigen Typensatz. Überdies sind die Kassetten in selbständigen Schriftkasten angeordnet, die, auswechselbar, Schriften in beliebiger Anordnung in Gebrauch zu nehmen gestatten.

Das Farb- und Druckwerk bringt Zeilen zum Abdruck und arbeitet unabhängig vom Steuerungssystem; dies hat den Vorteil, daß die nächste Zeile bereits getastet werden kann, während die vorhergehende abgedruckt wird.

Das Setzschiff erlaubt die Aufnahme einer ganzen Zeile beliebiger Breite auf einmal, sie selbständig durch Regulierung der Wortzwischenräume auszuschließen und die ganze Zeile auf einmal abzulegen, ohne daß die Typen mit unterschiedlichen Ausschnitten oder Ansätzen hierfür versehen wären.

Die Korrekturvorrichtung macht es möglich, falsch getastete Anschläge durch einfachen Tastendruck rückgängig zu machen, was bei anderen Maschinen, etwa solchen mit fallenden Typen oder Registrierstreifen, unmöglich ist.

Schließlich möge noch das Zahlenschaltwerk für beliebigen Zeilendurchschuß, der typographische Punktzähler und die mechanisch unterstützte Universalvolltastatur erwähnt sein.

Wie bereits erwähnt, werden nach den umbrochenen Textfahnen

entweder direkte Kopierungen auf die Maschinenplatte der Offsetpresse gemacht, oder es werden mit Hilfe des Typonpapieres Filmnegative hergestellt, die sich in bekannter Weise auf Glas oder Zellon zu ganzen Druckbogen formieren lassen. Schließlich kann aber auch die Photo-

Abb. 34. Typar-Schreib- und Setzmaschine

graphie herangezogen werden, wobei natürlich eventuell Formatänderungen möglich sind.

Mit der gleichen Leichtigkeit, mit der Negative anzufertigen sind, können Diapositive gemacht werden, so daß der in der Typar hergestellte Satz ohneweiters für den Rastertiefdruck herangezogen werden kann.

Sachverzeichnis

Handbuch der wissenschaftlichen und angewandten Photographie

Herausgegeben von

Dr. Alfred Hay-Wien

Aus einer Kritik: Das Handbuch unterscheidet sich von den bis jetzt vorhandenen zahlreichen kleineren und größeren Lehr- und Handbüchern der Photographie vor allem dadurch, daß für die vielen Einzel- und Sondergebiete der Photochemie und Photooptik nicht ein einziger Verfasser die Verantwortung übernimmt, was die Kräfte eines einzelnen heute übersteigen würde, sondern daß der umfangreiche Stoff unter eine Anzahl bekannterer Fachleute zur Bearbeitung verteilt worden ist. Hierdurch ist voraussichtlich Gewähr dafür geboten, daß der Stoff sachlich und auch einigermaßen vollständig behandelt wird.

Das Gesamtwerk wird 9 Bände umfassen und voraussichtlich bis Ende 1930 vollständig vorliegen

Bisher erschienen:

3. Band: **Photochemie und Photographische Chemikalienkunde.** Bearbeitet von A. Coehn, G. Jung, J. Daimer. Mit 68 Abbildungen. VII, 296 Seiten. 1929.   RM 28,—; gebunden RM 30,80

4. Band: **Erzeugung und Prüfung lichtempfindlicher Schichten. Lichtquellen.** Bearbeitet von M. Andresen, F. Formstecher. W. Heyne, R. Jahr, H. Lux, A. Trumm. (Die künstlichen Lichtquellen in der Photographie. Das Magnesium als künstliche Lichtquelle in der Photographie. Sensitometrie. Die Fabrikation photographischer Trockenplatten. Die Herstellung photographischer Papiere. Filmfabrikation.) Mit 126 Abbildungen. VII, 344 Seiten. 1930.   RM 36,—; gebunden RM 39,—

8. Band: **Farbenphotographie.** Bearbeitet von L. Grebe, A. Hübl, E. J. Wall†. (Photographische Licht- und Farbenlehre. Spektrumphotographie. Die Praxis der Farbenphotographie.) Mit 131 Abbildungen und 8 Tafeln. IX, 248 Seiten. 1929.   RM 24,—; gebunden RM 26,80

In Vorbereitung:

1. Band: **Das photographische Objektiv.** Bearbeitet von W. Merté, R. Richter, M. v. Rohr. Geschichte des photographischen Objektivs. Das photographische Objektiv.

2. Band: **Die photographische Kamera.** Bearbeitet von K. Pritschow. Die photographische Kamera. Die Momentverschlüsse.

5. Band: **Der photographische Negativ- und Positivprozeß und ihre theoretischen Grundlagen.** Bearbeitet von W. Meidinger. Das latente Bild. Die Entwicklung. Verstärkung. Abschwächung. Tonung. Detail- und Helligkeitswiedergabe. Sensibilisierung. Die Chromatverfahren.

6. Band: **Wissenschaftliche Anwendungen der Photographie. I. Teil.** Bearbeitet von L. E. W. van Albada, Ch. R. Davidson, F. P. Liesegang. Stereophotographie. Astrophotographie. Die Bildprojektion. II. Teil. Bearbeitet von T. Péterfi. Mikrophotographie.

7. Band: **Photogrammetrie.** Bearbeitet von R. Hugershoff. Terrestrische Photogrammetrie und Aerophotogrammetrie. Luftbildwesen.

9. Band: **Die Photographie in der Reproduktionstechnik.**

Jeder Band ist einzeln käuflich!